Internet
主题搜索引擎设计与研究

梁春燕　著

内容提要

作为搜索引擎领域的重要发展趋势之一，主题搜索引擎充分考虑和满足用户对某些特定领域的网络信息需求，具有高度的目标化和专业化。本书在继承国内外相关研究成果的基础上，以化学化工领域为例，设计了一个完整的主题搜索引擎系统，并基于专业知识库，研究了专业化爬行器、索引和检索的相关策略以及多语言自动分类技术和个性化技术，使 Internet 主题搜索引擎可提供更智能化、专业化和个性化的检索服务，更好地满足专业用户的信息需求。

本书内容丰富、应用性强，可供信息管理、计算机应用等领域从事相关研究的专家学者、工程技术人员及高等院校相关专业教师、研究生参考使用。

图书在版编目（CIP）数据

Internet主题搜索引擎设计与研究 / 梁春燕著. -- 北京 : 中国水利水电出版社, 2012.3
ISBN 978-7-5084-9578-1

Ⅰ. ①I… Ⅱ. ①梁… Ⅲ. ①互联网络－情报检索－研究 Ⅳ. ①G354.4

中国版本图书馆CIP数据核字(2012)第045341号

书名	**Internet 主题搜索引擎设计与研究**
作者	梁春燕 著
出版发行	中国水利水电出版社 （北京市海淀区玉渊潭南路 1 号 D 座 100038） 网址：www. waterpub. com. cn E－mail：sales@waterpub. com. cn 电话：（010）68367658（发行部）
经售	北京科水图书销售中心（零售） 电话：（010）88383994、63202643、68545874 全国各地新华书店和相关出版物销售网点
排版	中国水利水电出版社微机排版中心
印刷	北京瑞斯通印务发展有限公司
规格	145mm×210mm 32 开本 5.625 印张 151 千字
版次	2012 年 3 月第 1 版 2012 年 3 月第 1 次印刷
印数	0001—2000 册
定价	**28.00** 元

凡购买我社图书，如有缺页、倒页、脱页的，本社发行部负责调换

版权所有·侵权必究

前言

作为网络信息检索的重要工具，通用搜索引擎通常优先返回具有通用意义的资源，较难满足用户对某些专业领域的信息需求。因此，面向某个特定领域的主题搜索引擎就成为一个重要的发展趋势，并以其高度的目标化和专业化在搜索引擎领域中占据了一席之地。主题搜索引擎或者垂直搜索引擎是一种分类精确细致、更新及时的搜索引擎，是搜索引擎的细分和延伸。相对通用搜索引擎的信息量大、查询不准确、深度不够等问题，主题搜索引擎作为新的搜索引擎服务模式，其特点就是“专、精、深”，且具有行业色彩。

本书以化学化工专业为例，研究在专业知识库的基础上，自动收集和索引 Internet 专业资源并进行智能处理和智能检索的方法，研究建立 Internet 专业主题搜索引擎，为专业用户提供智能高效的网络检索服务。同时，使用自动分类技术获取网页的专业类别信息，以及采用个性化技术获取网页的用户兴趣信息，使 Internet 专业主题搜索引擎可以提供更智能化、专业化和个性化的检索服务，能更好地满足专业用户的信息需求。

本书首先对 Internet 搜索引擎进行概述，然后介绍 Internet 主题搜索引擎的总体设计和规划，并对其中主要模块的功能和实现思路进行了描述。

本书接下来就主题搜索引擎的爬行策略以及检索和排序策略进行阐述。研究主题爬行器的实现策略、基于倒排索引的关键词检索的实现策略、基于网络链接结构分析的网页评价算法及其对排序的影响，并将之应用于专业主题搜索引擎中，使得搜索引擎可以将质量较好的相关网页优先显示给用户。同时，对专业主题搜索引擎中实现的多种检索功能进行描述。

本书使用自动文本分类技术，基于一个专业学科的多层分类体系，通过对搜索引擎索引的网页进行自动分类，对检索结果进行过滤，将属于用户兴趣类别的网页返回给用户，实现专业化的检索。本书提出了一种适用于专业主题搜索引擎的基于专业词典的多语言自动分类方法，通过对网页的编码方式进行自动检测和整合，来准确识别和提取网页中的多语言信息，并使用一个专业词典来提取和强化网页中的专业信息，改善网页在向量空间中的语义表达。使用专业数据集对该方法进行的测试结果表明，该方法能够有效提高分类系统的性能。

为了适应用户信息需求的个性化特点，本书研究了个性化检索的具体实现策略。本书通过建立用户兴趣模型，获取网页的用户兴趣信息，并使之与网页的查询相关度和链接重要性相结合，来优化检索结果的排序，使与用户兴趣最相关的网页优先显示给用户，为不同的用户兴趣提供不同的检索结果排序，力图实现个性化的检索。

本书主要收录了作者攻读博士学位期间所完成的学术论文和近几年所接触的信息检索和搜索引擎领域的相关研究成果。由于本书研究属于信息检索领域研究的热点和前沿问题，研究建立一个完整的Internet主题搜索引擎系统，是一个复杂而又庞大的工程，研究难度较大，其中许多问题仍在研究和探索阶段，加之作者水平有限，虽经多次修改补充，但难免有许多不足和缺陷，敬请各位读者、专家、同行朋友惠予指正。

华北电力大学　梁春燕

2012年2月

常 用 符 号 表

ACM Association for Computing Machinery，美国计算机学会

CERNET China Education and Research Network，中国教育和科研计算机网

FTP File Transfer Protocol，文件传输协议

HTML HyperText Markup Language，超文本标记语言

HTTP HyperText Transfer Protocol，超文本传输协议

IEEE Institute of Electrical and Electronics Engineers，美国电气和电子工程师协会

IP Internet Protocol，互联网协议

IR Information Retrieval，信息检索

ISC Internet Systems Consortium，互联网系统协会

ISO International Organization for Standardization，国际标准化组织

***k*NN** k-Nearest Neighbor，最近 *k* 邻居

LSI Latent Semantic Indexing，隐含语义检索

SVD Singular Value Decomposition，奇异值分解

SVM Support Vector Machines，支持向量机

TREC Text REtrieval Conference，文本检索会议

Unicode The universal character encoding，统一字符编码

URL Uniform Resource Locator，统一资源定位符

UTF Unicode Transformation Format，Unicode 传输编码格式

目　　录

第 1 章　Internet 搜索引擎概述

随着网络的普及和发展，Internet 已经成为信息交流和共享的重要媒介。由于网络的飞速发展，Internet 上的信息量始终保持着“爆炸式”的增长。根据 ISC（Internet Domain Survey）[1] 对 Internet 主机数目的统计调查，截止到 2011 年 1 月，Internet 上的主机数已达到 8 亿，如图 1.1[1] 所示。据统计，网络上可索引的网页数在 1998 年为 3.2 亿[2]，到 2008 年，著名搜索引擎 Google 的索引量据称已达到 1 万亿以上[3]。同时，由于 Internet 自身的特性，其上的信息在内容、形式和质量上具有很大的差异性。对于用户来说，怎样从如此海量又繁杂的网络信息中获取有用的、高质量的信息，来指导工作、学习和辅助决策，将直接决定用户对 Internet 的利用效率。搜索引擎作为网络上进行信息检索的工具，可以帮助用户快捷方便地找到所需资源。据统计，在 1999 年有 85%的网络用户通过搜索引擎收集和获取信息[4]。从 CNNIC 2011 年发布的“中国互联网络发展状况统计报告”中可以看出，搜索引擎是用户使用最多的网络工具之一。

但是，由于通用搜索引擎通常优先返回具有通用意义的资源，很难满足用户对某些专业领域的信息需求。而且，网络信息的海量性和动态性，也使得任何一个搜索引擎都不可能对所有信息进行索引[4]。因此，面向某个特定领域的主题搜索引擎就成为一个重要的发展趋势，如化学主题搜索引擎，购物主题搜索引擎等。

本章主要介绍搜索引擎的发展概况、基本原理和相关技术，同时也阐述了本书的工作背景、主要内容及意义。

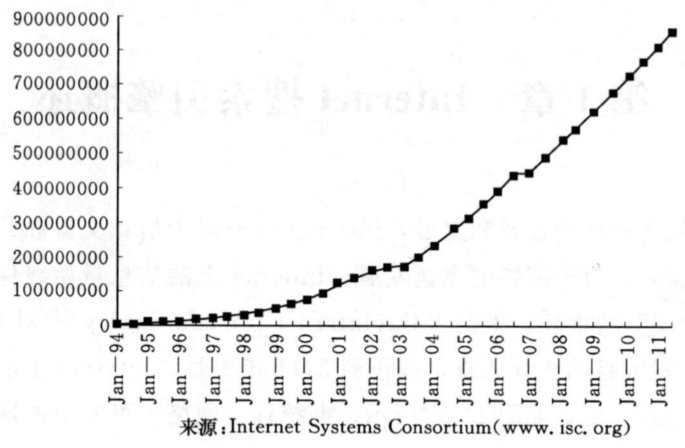

图 1.1　Internet 域名调查主机数统计

Fig. 1.1　Internet domain survey host count

1.1　Internet 搜索引擎简介

搜索引擎（Search Engine）作为网络上进行信息检索的工具，通过一定的算法规则对互联网上的信息资源进行采集、管理和存储，然后直接向信息查询用户提供信息检索服务，帮助人们在网络中搜寻到所需要的信息资源。搜索引擎作为一种网络搜索服务，随着网络的发展，在不断地发展变化。

搜索引擎的起源可以追溯至 1990 年的 Archie[5]，是由加拿大蒙特利尔麦基尔大学（McGill University）的学生 Alan Emtage、Peter Deutsch 和 Bill Heelan 发明的。当时 World Wide Web 还未出现，Archie 是第一个自动索引互联网上匿名 FTP 网站文件的程序，但它还不是真正的搜索引擎。Archie 定期搜索事先已注册的匿名 FTP 服务器，将搜索到的文件和目录生成一个 FTP 文件名列表，用户只能通过输入精确的文件名来搜索到确定的 FTP 目录和文件的地址。

1990～1994 年，随着 World Wide Web 的出现和发展，以及基于 HTTP 访问的 Web 技术的迅速普及，涌现出一批既可搜索又可浏览的网络分类目录，其中以 Yahoo![6,7]目录导航系统为代表。Yahoo! 是由斯坦福大学的两名博士生，美籍华人杨致远（Jerry Yang）和 David Filo 共同创办的，用户可以通过浏览和搜索由人工维护的目录来获取所需的信息。目录系统也不能算是真正意义上的搜索引擎，事实上只是一个可搜索的目录，他们的缺点是网站的收录和更新都需要大量的人工来维护，所以当面对快速增长的网络信息时就显得力不从心。

随着网络技术的进一步发展，第一个具有真正意义上的搜索引擎 Lycos[8]出现于 1994 年 7 月，标志着搜索引擎发展史上的又一个重要进步。Lycos 是由卡耐基—梅隆大学（Carnegie Mellon University）的 Michael L. Mauldin 博士开发的，他首次将自动爬行器（Crawler）程序接入到索引程序中，并支持搜索结果的相关性排序。同时他第一个开始在搜索结果中使用网页自动摘要，索引的数据量达到 54000 个文档。

1998 年 10 月，Google[3]的诞生则标志着搜索引擎的发展进入了一个空前繁荣的时期。Google 作为目前最流行也最为成功的搜索引擎系统之一，具备很多优异的功能，它在网页排序（以 PageRank[9]技术为标志）、搜索速度、动态摘要、网页快照、多文档格式支持、多语言支持和用户界面等功能上的革新，再一次将搜索引擎推向了一个新的发展时期。

在中文搜索引擎领域，1996 年 8 月成立的搜狐[10]公司是最早提供网络信息分类导航服务的网站。北大天网[11]是教育网最流行的搜索引擎，它由北京大学计算机网络与分布式系统试验室[12]研制开发，是国家“九五”重点科技攻关项目“中文编码和分布式中英文信息发现”的研究成果，于 1997 年 10 月 29 日正式在 CERNET 上提供 Web 信息导航服务，有较为强大的 FTP 搜索功能。百度[13]中文搜索于 2000 年 1 月创建，目前支持网页文本信息检索，以及图片、Flash、音乐等多媒体信息的检索。

搜索引擎作为帮助用户快速定位到所需网络信息的工具，随着网络信息的快速增长，而受到越来越广泛的关注，目前正处在一个蓬勃发展的时期。著名的信息检索会议 TREC（Text REtrieval Conference）[14]从 1998 年开始增加了 Web Track 课题，以考察 Web 文档与其他类型文档在检索性质上的不同之处，并在大规模的 Web 库（如 100G 字节的网页库）上对信息检索的算法性能进行测试。由美国 Infonortics 公司主办的搜索引擎国际会议[15]从 1996 年开始，每年举行一次，对搜索引擎技术进行总结、讨论和展望，参加者有著名的搜索引擎公司、大学和研究机构的学者，对搜索引擎技术起到了很好的推动作用。另外，IEEE 主办的国际万维网会议[16]、ACM 举办的人机交互会议[17]等也有越来越多关于搜索引擎技术研究的文章发表。

集中反映国内的搜索引擎研究成果的活动是搜索引擎和网上信息挖掘学术研讨会（Symposium of Search Engine and Web Mining，简称 SEWM）。2003 年 3 月在北京大学举办了首届会议，截至 2011 年年底已经举办了 9 届[18]。

为了更好地提供网络搜索服务，搜索引擎主要的发展趋势有如下几个方面：

（1）优化排序：在搜索结果中，通常包括成千上万的网页，用户往往只会浏览前几页的结果，因此应该将更能满足用户需求的文档优先显示给用户，这就需要对搜索结果进行更好的排序[19,20]。可以从两个方面来优化排序：一种是从网页的角度来优化，主要的技术包括网络链接结构分析，如 Google 的 PageRank 技术[9]，网页的相互评价，如链接文本的分析[21]等；另一种是从分析和扩充用户查询的角度来提供更好的排序，如采用自动分类[22]的技术提供分类信息来扩充用户查询语义，对用户回馈信息[23]进行分析来进行信息过滤或优化排序等。

（2）主题搜索：Internet 上信息的海量性、动态性及其高速增长，使得任何一个搜索引擎都不可能索引并提供 Internet 上全部信息的查询服务[24]。因此，将搜索引擎的有限资源集中到某个确定的领域中，专门提供某个或某几个相关学科范围内的信息索引和查询，即建立所谓的垂直主题搜索引擎或专业搜索引擎，便成为搜索引擎的一个发展方向[25]。同时，这种策略也使用户的查询被锁定在某个领域范围内，实际上起到了查询语义的扩充作用，使检索结果更能满足专业用户的需求。主题搜索主要通过限定爬行[26]和索引的资源，并提供与主题相关的特定服务[27]来实现。

(3) 个性化搜索：由于用户在知识背景和实际需求等方面的差异性，输入相同查询词的用户实际的信息需求可能有很大的不同[28, 29]。因此，应该根据不同用户的兴趣和具体情况，对用户查询做不同的理解和语义的扩展，对不同兴趣的用户提供不同的检索结果，即搜索引擎应该实现检索的个性化。个性化搜索主要通过收集用户个性化信息，构建用户兴趣模型，然后基于不同的用户兴趣模型来给出不同的搜索结果[29-31]。

(4) 元搜索引擎：由于没有一个搜索引擎能够索引 Internet 上的全部信息，根据 Search Engine Watch[32]的统计结果，每个搜索引擎所能索引到的网络资源都还不到整个网络资源的 16%[4, 33]，它们的搜索范围、搜索机制和算法也不尽相同，而且用户不得不去学习多个搜索引擎的用法。因此可以使用元搜索引擎（Meta Search Engine)，将用户的查询请求同时提交到多个独立的搜索引擎上去搜索，并将检索结果集中统一处理，以统一的格式提供给用户，由此来获取较高的查全率和查准率[34]。因此元搜索引擎有搜索引擎之上的搜索引擎之称。

(5) 其他发展趋势：网络上除了文本信息，也包含了大量的图像、音乐、视频等各种多媒体信息。为了满足用户查询多媒体信息的需求，需要实现多媒体搜索[35]；由于网络中除了表层的文档信息，还有大量的有价值的信息隐藏在网站内部，比如数据库中的数据和网站通过动态提取或检索内部数据生成的网页信息等，这样就需要使用深层次的数据挖掘[36]技术进行深层网的数据收集和处理；为了更准确地满足某一地域用户的信息需求，可以通过本地化搜索为不同地域的用户提供不同的搜索服务等。

1.2　Internet 搜索引擎的基本原理

从用户角度来考虑，搜索引擎是从已经存在或索引的网络信息中，提取或搜寻有用信息的过程，是用户的一种认知和学习的过程[37]。如图 1.2[37]所示，用户将自己的信息需求表达成一个查询（Query）提交给搜索引擎，搜索引擎通过信息检索系统来检索文档索引库，将与用户查询相关的文档返回给用户，然后用户通过查看返回的文档，来判断这些文档是否满足自己的需求，并将相关信息（Relevance Feedback）反馈给搜索引擎。这是一个完整的用户提问和搜索引擎解答提问的过程，这个过程在实际的用户查询中往往需要循环往复多次，用户通过不断调整自己的查询表达，或搜索引擎根据用户的反馈信息来不断调整返回结果，才能使最终的检索结果满足用户的信息需求，解答用户的疑问。

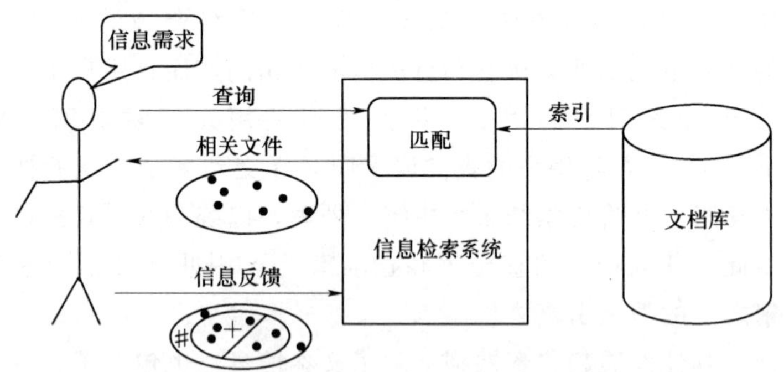

图 1.2　搜索引擎原理示意图（用户角度）

Fig. 1.2　Schematic diagram of a search engine (User Viewpoint)

从技术角度来看，搜索引擎是一组程序的集合[38]，它通过事先为网页建立索引，使用户可以方便有效地找到所需的信息。其结构框架如图 1.3 所示，主要包括四个部分，分别是爬行器、索引器、检索器和用户接口。

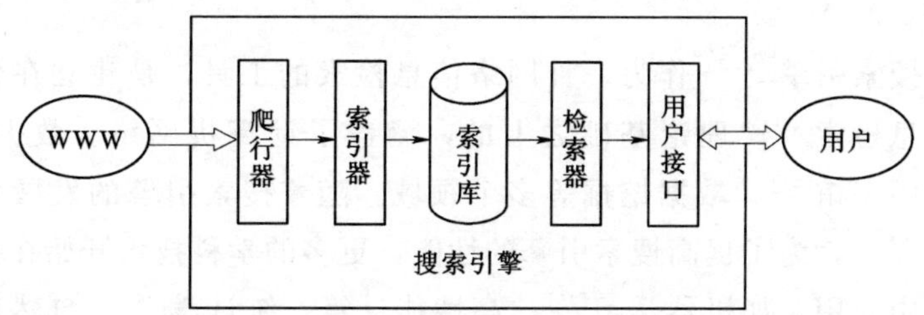

图 1.3 搜索引擎原理示意图（技术角度）

Fig. 1.3 Schematic diagram of a search engine (Technique Viewpoint)

（1）爬行器（Crawler）：又可称为网络机器人（Robot）或蜘蛛（Spider），通过提取和跟踪网页之间的超文本链接（Hypertext Link），来发现和收集 Internet 上的可搜索网站的每一个页面。由于爬行入口，也就是初始网页的不同，以及爬行策略的不同，不同搜索引擎的爬行器会收集到不同的网络资源。

（2）索引器（Indexer）：将爬行器收集到的网页通过提取关键词来建立基于关键词的文档索引库，以方便检索器进行文档的检索。不同搜索引擎所采取的索引策略以及文档索引库的结构也各有不同。

（3）检索器（Searcher）：根据用户提交的查询来搜索文档索引库，然后按照文档和用户查询的相关度，将匹配的文档进行排序后返回给用户。由于不同的搜索引擎采取的检索和排序策略不尽相同，其提供的检索性能也呈现出不同的特点。

（4）用户接口（Interface）：主要包括一个提交查询的接口界面，使搜索引擎可以获取用户查询以及一个结果显示界面，将搜索引擎的检索结果文档显示给用户。用户接口也负责获取用户的其他检索信息，如高级检索界面、检索界面的设置、用户的个性化信息和回馈信息的收集等。

1.3　Internet 搜索引擎的相关技术

搜索引擎[37, 39]作为一种网络信息检索的工具，是建立在传统的信息检索[40-43]理论基础之上的，涵盖了计算机网络、数据库、数字图书馆[44]、数据挖掘等多个领域。随着搜索引擎的发展和研究的深入，为了提高搜索引擎的性能，更多的学科技术开始在搜索引擎中应用，如机器学习[45]、高性能计算、统计学[46]、自然语言理解[47]等。因此，搜索引擎是一个跨越多学科的比较复杂的系统。

结合搜索引擎本身的系统结构特点，本节首先从网络信息收集、网络信息索引、网络信息检索这几个方面来阐述与搜索引擎相关的基本技术，然后从网页重要性评价技术、自动分类技术、个性化技术等方面来探讨提高和优化搜索引擎性能的各种方法。

1.3.1　网络信息收集

搜索引擎通过爬行器可以自动发现和收集 Internet 上互相链接的网页资源[26, 48-53]。Internet 上的网页之间通常通过超文本链接（Hypertext Link）互相连接在一起，如果把网页看作结点，超链接看作有向边的话，整个网络就构成了一张巨大的有向网[19,20]，如图 1.4 所示。

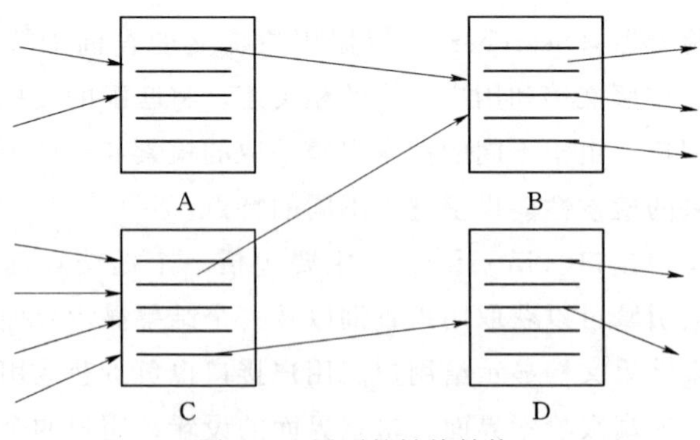

图 1.4　网页的链接结构

Fig. 1.4　Link structure of web pages

利用这个超链接网，爬行器可以自动地发现和收集网络信息。搜索引擎的爬行算法通常可以简要描述如下：

(1) 定义初始 URL，放入 URL 列表中。

(2) 爬行器从 URL 列表中取出 URL 地址，从 Internet 上抓取其对应的网页内容，并将网页内容传递给索引器。

(3) 从每一个获取的网页中提取指向其他网页的超文本链接 (Hypertext Link)，再将这些链接的 URL 放入 URL 列表中。

(4) 重复 (2) 和 (3)，直到 URL 列表为空，或超出了某些限制（如时间或磁盘空间的限制）。

根据这个算法，爬行器可以从初始 URL 开始、遍历和收集到 Internet 上所有与这些 URL 有直接或间接链接的资源。

爬行器在从网页中提取新的 URL 加入到 URL 列表以及从 URL 列表中取出 URL 的过程中，可以有多种 URL 的搜索策略。爬行器在从 URL 列表中提取 URL 进行爬行时，由于网络的动态性和多样性，在获取网页时会因为各种原因，如域名解析问题、网络传输速度、网站状态等，其速度和效率会受到影响。为了提高爬行效率，搜索引擎通常采取多爬行器同时爬行的策略。由于每个爬行器在爬行时是一个独立的主体，因此可以采用并行或分布的多爬行器策略。每个爬行器从不同的 URL 列表出发开始搜索，并通过维护 URL 列表的一致性，来去掉重复的 URL 链接，避免冗余的工作。每个爬行器可以采用多线程机制，一个线程对应一个 URL 链接，多个线程同时运行，这样就可以充分利用 CPU 的资源，在某些线程等待连接或信息传输的同时，其他线程进行信息的分析和处理工作，从而提高爬行器实际的执行效率。线程数量的最佳值与 CPU 性能和网络带宽等因素有关。

1.3.2 网络信息索引

为了能够从大量的网络信息中快速检索到与用户查询相关的文档，需要使用特殊的结构为爬行器收集到的网页建立索引[37,40,54]。这部分工作由搜索引擎的索引器完成。索引过程可分为人工索引和自动索引两种。由于需要耗费大量的人力，以及不同的人对同一文档的理解和表述也不同，人工索引存在着一定的弊端[55]。当处理海量的网络信息时，人工索引更是难以胜任，这时就需要通过用一定的算法规则对文档进行自动索引。

搜索引擎中的索引是为爬行器收集到的每篇文档与指定特征词（或关键词）建立映射的过程。从数学的角度来说，索引是每篇文档向一组相关特征词的关系映射，或其逆向过程，特征词向其所描述的文档集合的映射，后者又可称为“倒排索引”。

$$Index: doc_i \xrightarrow{\text{about}} \{kw_j\} \tag{1.1}$$

$$Index^{-1}: \{kw_j\} \xrightarrow{\text{describes}} doc_i \tag{1.2}$$

从技术的角度来说，对文档建立索引的基本算法如图 1.5 所示。

```
for every doc in corpus
  while (token = getNonNoiseToken)
  if (StemP)
     token = stem (token)
  Save Posting (token, doc) in Tree

for every token in Tree
  Accumulate totdoc (token), totfreq (token)
  Sort p Postings (token) descending freq (token) order
  write token, totdoc, totfreq, Postings
```

图 1.5　建立索引的基本算法

Fig. 1.5　Basic algorithm of indexing

这个过程主要有以下两个步骤：

(1) 特征词提取。特征词（Token）的提取是索引的前提条件。对于英文文档来说，最简单的方法是将文档根据空格进行分割后来提取特征词，但其中忽略了很多关于语法、词形、短语等语言形态学方面的问题。因此，必须对初步提取的单词进行分析和处理。如过滤掉网页中的 HTML 标签，除去停用词[54, 56]，Stem-

ming 处理[57]等。对于没有天然分隔符的其他语言的文档，如中文、日文等，除了根据单字进行文档分割以外，还可以采用其他特殊的自动分词算法[58-60]，如二分法、最大匹配法等来更好地提取特征词。

(2) 建立索引。首先对每个文档提取出的特征词的出现频率等信息进行统计，建立文档的特征词索引，将文档表示为一个含有统计信息的特征词的集合；然后基于每个特征词，统计其在文档集中出现的文档频率，建立基于特征词的文档倒排索引，其基本结构如图 1.6 所示。这样，搜索引擎就可以在对用户查询进行解析后，根据得到的用户查询词来从文档集的倒排索引库中快速获取相关的文档。

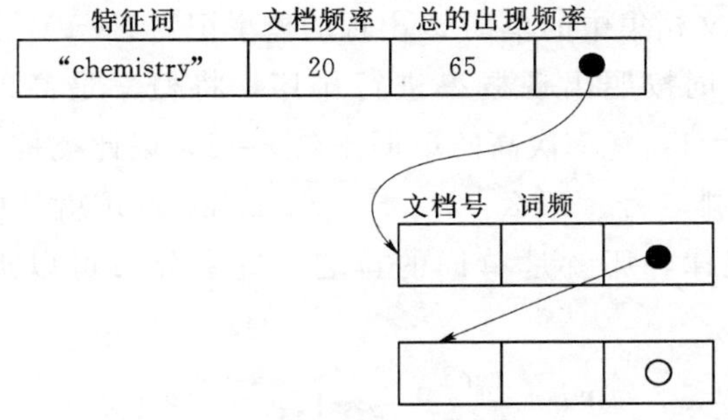

图 1.6　倒排索引的基本结构

Fig. 1.6　Basic data structure of inverted indices

为了能够更好地计算文档和用户查询词的相关度，为用户提供更好的检索结果，倒排索引中除了特征词的词频和文档出现频率等统计信息外，还需要包含特征词在文档中出现的具体位置信息，用于计算多个查询词在文档中的接近度；特征词在文档中出现的位置，如是否出现在标题中等，用于标识特征词在不同文档中的重要性。

由于网络的文档资源中除了常规的网页之外，还有其他格式的文档，如 PDF 文档、WORD 文档、EXCEL 表格、PPT 演示文档等多种格式，因此在对这些格式的文档建立索引之前，需要首先使用相应的格式转换器[61]，将特定的格式转换成索引器可以识别的格式，然后进行索引。

1.3.3 网络信息检索

搜索引擎在获取用户查询后，通过检索器，从文档索引库找到相关的文档，然后计算用户查询和文档的相似度，进行排序后将文档列表返回给用户。其核心是如何计算用户查询和文档的相似度。围绕这个问题，本节首先从词在文档集中的分布规律开始阐述，然后介绍词的权重计算方法以及采用什么样的检索方式来获取用户查询和文档的相似度。

1.3.3.1 词的分布

如果将文档集中的单词 w 出现的概率记为 $F(w)$，并将文档集中的所有单词按照出现概率进行排序，将概率最高的单词排名 rank 定为 $r=1$，概率次高的单词排名 $r=2$，以此类推，将所有单词赋予一个排名号。那么，George Kingsley Zipf 就从中发现了一个著名的规律，那就是单词的排名—概率分布可以近似用下式表达：

$$F(r)=\frac{C}{r^{\alpha}},\quad \alpha\approx 1,\quad C\approx 0.1 \tag{1.3}$$

这个经验规律称为 Zipf 定律[37]。它适用于所有自然语言构成的文档集，不论作者和出版类型，也不论被统计的单词定义为文档集中的某种还是全部单词[37, 62]。搜索引擎所收集的网络资源集也符合这个定律[63]，如图 1.7[37]所示。

从词频的分布和排序可以看出，通常最常出现的词并不具有任何意义，但却在句子的语法表达上具有重要作用，这些词被称为功能词（Function words），而那些能够明确表达文档内容的词称为内容词（Content words）。因此，基于词频等的统计特征可以推断出词的语义特征。通常情况下，功能词在任意文档中都是随机出现的，而内容词则不然，他们的出现具有明确的含义。功能词在文档

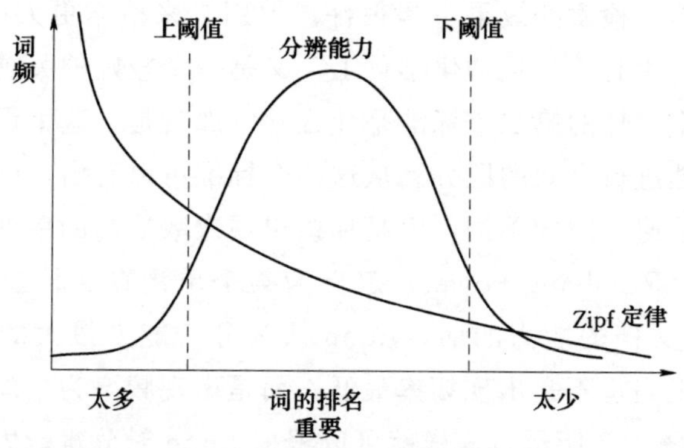

图 1.7 词的分布和分辨能力
Fig. 1.7 Words distribution and resolving power

中的分布符合泊松分布[64-66]，即

$$Pr(F_w=n)=\frac{e^{-\lambda}(\lambda)^n}{n!} \tag{1.4}$$

式中：n 为单词 w 在文档集中出现的频率；λ 为所有词的平均出现概率。这也就是说，功能词在文档集中是以固定的频率随机出现的。

根据词频的分布可以判断词的重要性，也可以据此判断词和文档的相关性。因此，泊松分布除了可以用来区分功能词和内容词，还可以用来判断特征词和文档的相关性。假定某个特征词可以很好地表述文档集中的某些文档，但在其余的文档中随机出现，这样就可以把这个词在整个文档集中的分布用一个泊松分布和其他分布的混合分布来描述[67]。

假如某单词在文档中出现的频率高的话，它从一个方面反映了该词对于这一文档的主题描述可能很重要。但是，只是以词的出现频率作为标准来确定词的重要性是不够的。比如，在化学化工相关文档集中，以“化学化工”这个词为例，很明显“化学化工”会出现在大部分的文档中，并且出现的频率会很高。那么，以“化学化工”作为关键词并用于检索化学化工文档集时，会返回文档集中的大部分文档，检索的效果不是很好。但用它来检索更大的文档集，如科学文档集时，显然“化学化工”又是一个较好的关键词。那么判断词的重要性的第二个标准是什么呢？那就是，这个词能把文档集中的文档进行有效的区分。从这两个标准可以看出，好的关键词不是那些普遍出现的单词，而是那些出现次数恰当的单词。假如把分辨能力（Resolving Power）定义为某个单词在文档总集中区分（辨别）各文档的能力的话，Luhn 认为分辨能力最大的单词不是出现频率最高也不是出现频率最低，而是出现频率为中间的那些单词[68]，如图 1.7 所示。这样就可以根据 Luhn 对分辨能力的分析来确定词的重要性，也可以用来进行特征词的选取。根据词的频率来设定上下两个阈值（Upper and Lower Cutoff），特征词就选自词频处于两个阈值中间的词。这两个阈值可以通过系统性能的最优化来确定。

1.3.3.2　词的权重

词的重要性可以用词的权重（Weight）来表示。根据词的分布特征，词的重要性首先由词频来决定，然后还要考虑到词的分辨能力。同时，不同的文档含有特征词的数目不同，长文档由于含有较多的特征词，可以获得比短文档更多的被检索到的机会，但就内容来说，长短不同的文档与用户查询的相关度可能是相同的。因此，判断词的重要性还要考虑到文档长度的影响[67, 69]，这就需要对文档集的特征词进行归一化处理（Normalization）。这样，特征词 k 在文档集中的一篇文档 d 中的权重（W_{kd}）计算主要由三个部分来构成，分别是词 k 在文档 d 中的词频部分（$freq_{kd}$）、词 k 的分辨能力（$discrim_k$）和归一化（$norm$），如式（1.5）所示。

$$W_{kd}=\frac{freq_{kd}\times discrim_k}{norm} \tag{1.5}$$

SMART[70, 71]是在信息检索领域比较著名和有着较大影响力的一个信息检索系统。SMART 系统中，式（1.5）中的三个部分用如下方式计算：

（1）词频的计算：

$$freq_{kd}=\begin{cases}\{0,1\} & \text{binary}\\ \dfrac{f_{kd}}{\max(f_{kd})} & \text{maxNorm}\\ \dfrac{1}{2}+\dfrac{1}{2}\dfrac{f_{kd}}{\max(f_{kd})} & \text{augmented}\\ \ln(f_{kd})+1 & \text{log}\end{cases} \tag{1.6}$$

式中：f_{kd} 表示特征词 k 在文档 d 中的出现频率。

（2）词的分辨能力的计算：

$$discrim_k=\begin{cases}\lg\dfrac{NDoc}{D_k} & \text{inverse}\\ \left(\lg\dfrac{NDoc}{D_k}\right)^2 & \text{squared}\\ \lg\dfrac{NDoc-D_k}{D_k} & \text{probabilistic}\\ \dfrac{1}{D_k} & \text{frequency}\end{cases} \tag{1.7}$$

式中：$NDoc$ 表示文档集 D 中总的文档数；D_k 表示特征词 k 在文档集 D 中出现的文档数。

（3）归一化处理：

$$norm=\begin{cases}\sum\limits_{k\in K,d\in D} w_{kd} & \text{sum}\\ \sqrt{\sum\limits_{k\in K,d\in D} w_{kd}^2} & \text{cosine}\\ \sum\limits_{k\in K,d\in D} w_{kd}^4 & \text{fourth}\\ \max\limits_{k\in K,d\in D}(w_{kd}) & \text{max}\end{cases} \tag{1.8}$$

式中：w_{kd} 表示由 $freq_{kd}\times discrim_k$ 计算得到的词 k 在文档 d 中的权值；D 表示文档集；K 表示文档集 D 中特征词的集合。

1.3.3.3 检索方式

在信息检索领域，获取用户查询和文档相似度的方法有很多种，如基于向量空间的检索[64,72-74]、基于关键词的检索、基于倒排索引的全文检索方式以及基于语义的检索等。

（1）基于向量空间的检索，是利用向量空间（Vector Space）的概念进行用户查询和文档之间的匹配，这是一种比较常用的检索方式。在这种方法中，文档和用户查询被表示为 n（特征词数量）维空间中的一个向量，向量每个维度的取值为该文档相应特征词的权重。然后使用向量空间的计算方法就可以得到两者的相似性。最常用的计算向量相似度的方法是通过计算两个向量之间夹角的余弦值来得到的，如式（1.9）所示：

$$Sim(\mathbf{d},\mathbf{q}) = \cos(\mathbf{d},\mathbf{q}) = \frac{\mathbf{d}\cdot\mathbf{q}}{\|\mathbf{d}\|\times\|\mathbf{q}\|} = \frac{\sum_{k\in(\mathbf{q}\cap\mathbf{d})} W_{kd}\times W_{kq}}{\sqrt{\sum_{k\in\mathbf{d}}(W_{kd})^2}\times\sqrt{\sum_{k\in\mathbf{q}}(W_{kq})^2}} \tag{1.9}$$

式中：**d**、**q** 为文档和用户查询的向量；W_{kd}、W_{kq} 为特征词 k 在文档和查询中的权重。

基于向量空间的检索方式，通常适用于小规模的文本检索环境，或者自动分类等需要文档比较的过程中，来得到比较准确的文档之间的相似度。但由于这种方法需要大量的统计信息和计算，不适合在搜索引擎等需要处理海量信息而且要求较快的响应速度的环境中使用。

（2）基于关键词的检索，是通过在文档和查询之间进行关键词的匹配来获取相关文档的检索方式。根据文档的存储方式不同，又可以分为数据库检索和基于倒排索引的全文检索。

数据库检索中，通过对文档进行分析处理，将相关信息存放在数据库中，然后用户通过输入查询词来检索数据库，得到含有这些查询词的相关文档。这种方式虽然可以在一定情况下进行准确快速的检索，但要求用户必须提交准确的查询词，查询返回的文档没有相关度的排序，而且查询的性能也会受到数据库存储格式的限制。

（3）基于倒排索引的全文检索方式，是首先将文档建立基于关键词的倒排索引，并将这些索引以 B+树的数据结构存放在磁盘中，然后再根据倒排索引来检索与用户查询词相关的文档。基于倒排索引的检索方式既可以获得较快的检索速度，也可以根据倒排索引中已经存在的关键词的统计信息，快速得到文档和查询的相关度，用来对检索结果进行排序。因此，在搜索引擎中，通常使用这种检索方式进行用户查询的检索和排序。

（4）基于语义的检索，是根据文档和用户查询的语义或概念的相似性来得到相关文档[75, 76]。这种检索方式与前两种检索方式的不同之处在于，由于它是基于语义的相似，而不是基于向量的相似度或词的匹配来获取相关文档，因此可以返回根本不含有查询词但与查询语义有一定相似度的相关文档。如用户检索“乙醇”，那么基于向量空间或关键词的检索方式通常只能返回含有“乙醇”这个词的文档，而基于语义的检索方式却可以将含有“乙醇”的文档，以及不含“乙醇”却含有与“乙醇”相关的词（如“酒精”）的文档返回给用户。主要有两种方式来进行语义的检索，即统计的方法和语义理解的方法。

1）统计的语义检索方法，试图利用文档中词的分布特性和统计信息，通过统计学的相关技术来获得一个概念空间，如使用奇异值分解 SVD（Singular Value Decomposition）的隐含语义检索[46, 77, 78] LSI（Latent Semantic Indexing）技术，然后基于这个概念空间来进行检索。这种方法并不是真正意义上的语义检索，而只是统计学意义上的概念检索。

2）语义理解的检索方法[79]，通过对文档进行语义的分析和推理，使用语义网络或语义规则的方法，来获取与用户查询语义相关的文档[80-84]。由于文档语义的模糊性，以及人的理解上的差异性，给这种检索方式带来了很多不确定的因素，其检索效果会随着检索对象的不同而产生变化。但这种方法加入了对文档的语义理解，更接近人的思维，从而可以获得其他方法所不能达到的效果。因此，这是文本检索的一个重要的研究方向。

1.3.4　网页重要性评价技术

用户在使用搜索引擎进行信息检索时，通常会得到动辄几千几万的返回结果。面对这些数量巨大的信息，用户往往只会浏览前几页的结果[19, 20]，更多的结果则被埋没在后面而不为用户所关心。因此，将更能满足用户需求的文档优先显示给用户，就成为搜索引擎的重要目标，这通常是通过对搜索结果进行更好的排序来实现的。在返回给用户的相关文档列表中，除了根据文档和用户查询的相关度进行排序外，还可以利用 Internet 上网页之间的相互评价，获取网页重要性/权威性的信息，参与到文档的排序中，从而可以将质量较好的文档优先显示给用户。

根据 1.3.1 节的阐述，可知网络上的资源通过超文本链接形成一个巨大的有向图（图 1.4）。从一个网页指向另一个网页的超链接，除了可以指导爬行器的爬行外，还可以看作是一个网页对链接网页的评价，这就构成了一个巨大的相互评价网络。通过分析这个网络链接结构，使用某种算法来计算网页的链接重要性，使之与网页和查询的相关度一起共同决定返回网页的排序，就可以在同样相关度的情况下，将质量较好的网络资源优先排在前面。主要有两种网页重要性评价技术，即 Google 的 PageRank 算法和 IBM 的 HITS 技术。

1.3.4.1　PageRank 算法

PageRank[9, 27, 85]算法是基于这样一个认识，如果一个网页被很多高质量的网页链接，则可以认为此网页的质量也较高。Google 提出了一个“随机冲浪”模型来描述网络用户对网页的访问行为。该模型假设如下：

（1）用户随机地选择一个网页作为上网的起始网页。

（2）看完这个网页后，从该网页内所含的超链接内随机地选择一个页面继续进行浏览。

(3) 沿着超链接前进了一定数目的网页后，用户对这个主题感到厌倦，重新随机选择一个网页进行浏览，并重复 (2) 和 (3)。

按照以上的用户行为模型，每个网页可能被访问到的次数就是该网页的链接权值。如何计算这个权值呢？PageRank 采用式 (1.10) 进行计算：

$$W_j = (1-d) + d \sum_{i=1, i \neq j}^{N} l_{ij} \frac{W_i}{n_i} \tag{1.10}$$

式中：W_j 和 W_i 为第 i 个和第 j 个网页的重要性权值；l_{ij} 只取 0、1 值，代表从网页 i 到网页 j 是否存在链接；n_i 代表网页 i 有多少个指向其他网页的链接；d 为阻尼因子，在 (0，1) 之间取值，由"随机冲浪"模型中沿着链接访问网页的平均概率决定，通常取为 0.85。递归地使用以上公式，即可得到理想的网页重要性权值。

PageRank 算法能够有效地提高检索返回结果的质量，同时可以有效地防止网页编写者对搜索引擎的欺骗。因此，该算法被广泛地应用于搜索引擎的结果排序中，使得质量较好的网页可以优先显示给用户。

1.3.4.2 HITS 技术

IBM Clever System 使用一种称为 HITS (Hyperlink-Induced Topic Search) 的链接分析技术[86-88]。HITS 将网络上比较重要的网页分为两类，即权威型网页和目录型网页。

权威型网页的内容本身对于给定主题来说是重要的，而且从这个网页在整个互联网中的地位来看，这个网页是被其他网页承认为权威的，这主要体现在跟这个主题相关的很多网页都有链接指向这个网页。目录型网页是包含很多指向权威网页的超链接的网页。权威网页和目录网页之间是一种互相促进的关系：一个好的目录网页必然要有超链接指向多个权威网页；一个好的权威网页反过来也必然被多个目录网页所链接。

对于与某一个主题相关的网页集合中的每一个网页，都定义两个参数：A (Authority) 和 H (Hub)。A 值越高表示网页的权威度越高，H 值越高表示网页的目录度越高。将网页集合用有向图 $G=(V, E)$ 表示，其中节点集 V 由网页组成，有向边集合 E 表示网页间的超链接。对于 $I\in V$，$A[I]$、$H[I]$ 分别表示节点 I 对应的网页的权威型权值和目录型权值。

为了控制 A、H 的范围，将 A、H 定义在 [0，1] 之间，并且对 A、H 进行归一化，使得：

$$\sum_{I\in V}(A[I])^2=1 \tag{1.11}$$

$$\sum_{I\in V}(H[I])^2=1 \tag{1.12}$$

对于每一个节点 I，均有：

$$A[I]=\sum_{(J,I)\in E}(H[J]) \tag{1.13}$$

$$H[I]=\sum_{(I,K)\in E}(A[K]) \tag{1.14}$$

式中：J、K 为指向节点 I 的节点，以及节点 I 指向的节点；(J, I)代表节点 J 指向 I 的链接；(I, K) 表示节点 I 指向 K 的链接。通过递归地使用上述公式，可以计算出网页的权威型权值和目录型权值。

由于 HITS 技术将网页分为两类，计算起来比 PageRank 算法要复杂一些，效果也没有明显优势，因此没有 PageRank 算法应用得广泛。

1.3.5　自动分类技术

与基于自动收集和索引的搜索引擎相比，基于人工分类索引的资源导航系统，虽然更新慢、成本高，但其资源质量较好，资源的分类信息可以使用户更好地理解资源的内容，对用户找到所需的资源有引导和提示作用。从用户界面的角度出发，研究人员通过实验发现，带有分类信息的分类界面与列表式的界面相比，可以帮助用户对返回结果的相关性进行判断，并可以较快地定位到所需资源，从而节省检索时间，提高查准率[89]。因此，采用自动分类技术对资源进行分类，在搜索引擎的检索结果中，提供资源的分类信息，可以帮助用户更好更快地检索到所需的资源，提高搜索引擎的检索性能。

自动分类技术，可以是基于知识的，也可以是基于统计的。基于知识的自动分类，需要根据语言学制定大量的推理规则[90]，比较难以实现。目前研究比较多的是基于统计的自动分类技术，它忽略文档的语言学结构，从中抽取出特征词构成特征向量，形成向量空间，然后根据向量之间的相似性，使用各种算法实现文档的自动分类。这些算法主要可以分为两类：自动归类（Automatic Categorization）和自动聚类（Automatic Clustering）。

1.3.5.1 自动归类

自动归类，也可以称为自动分类，是将分类未知的文档分配到预先定义好的分类体系中的过程[22]。很多统计学和机器学习的技术被应用在这个领域中，其中主要的自动归类方法包括 Rocchio 法[91]、决策树（Decision Trees）[92]、简单贝叶斯法（Naïve Bayesian Classifiers）[92]、人工神经网络法（Artificial Neutral Networks）[93]、最近 k 邻居法（k-Nearest Neighbor Classifiers）[22, 94]以及支撑向量机法（SVM，Support Vector Machines）[95]等。有很多研究工作对这些方法的应用领域和效果进行了研究和比较[22, 92, 96, 97]。

（1）Rocchio 算法是一种基本的分类方法。它先根据训练集中的文档为每个类别建立原型向量，然后通过计算测试文档与每个类别的原型向量之间的距离来进行分类，距离最近的类别即为测试文档所属的类别。Rocchio 算法计算简单，但分类效果较差。因此，通常作为基准系统来衡量分类系统性能，很少在实用的系统中使用。

（2）决策树法是通过对训练集进行学习，根据训练实例的某些属性的取值生成一个决策树。树上的每个中间结点指定了对实例的某个属性的测试，而且该结点的每一个后继分支对应于该属性的一个可能值；树的叶子结点对应实例的类别。对测试实例进行分类时，从这个决策树的根结点开始，测试相应结点指定的属性，直到某个叶子结点，从而得到测试实例的类别。最常用的决策树算法有 ID3 和 C4.5 等算法。决策树已经应用到很多问题中[45]，如根据疾病分类患者，根据起因分类设备故障，根据拖欠支付的可能性分类贷款申请等。但由于决策树法是根据实例的属性及其对应的值来分类实例，当用来处理文本分类时，文本所含的特征词通常比较多，这样就会导致生成的决策树很庞大，而分类的效果也不理想，因此较少用于文本分类系统中。

（3）简单贝叶斯法，又称朴素贝叶斯法，是以概率推理的贝叶斯法则为基础，通过一个简单的假定来进行分类的一种方法。这个假定是：在给定目标分类时实例的各个属性值之间相互条件独立。简单贝叶斯法可以对文本书档进行比较有效的分类，如 Lewis[98] 和 Domingos[99] 使用简单贝叶斯法建立的文本分类系统。

（4）人工神经网络法受生物学的启发，通过对训练集进行学习，生成一个由一系列相互紧密连接的神经单元（Unit）构成的神经网络，其中每个单元有一定数量的输入和输出。对测试实例的分类是通过分析实例的属性，按照神经网络中定义的规则，最终找到该实例对应的类别。最常用的神经网络法是反向传播（Backpropagation）算法，该算法已经成功应用在学习识别手写字符[100]、学习识别口语[101] 和学习识别人脸[102]。由于神经网络表达的规则比较复杂而难以理解，较少在文本分类中使用。

（5）最近 k 邻居法[103] 是一种消极的基于实例的分类方法，不需要在分类前进行训练。当对测试文档进行分类时，该算法首先从训练集中找到与该文档最相似的 k 个邻居，然后使用这些邻居的类别来决定测试文档的所属类别。由于最近 k 邻居法计算简单，分类效果也比较好，其在模式识别[104] 和文本分类[22] 等很多领域都有应用。

（6）支持向量机法是较新的一种自动分类方法，它使用 Vapnik 提出的支持向量机的有关理论[105]，通过对训练集进行训练，找到能够将两类文档进行分割的最优分类面，然后基于这个最优分类面来对测试文档进行分类。支持向量机法主要应用于二分的分类问题，计算也比较复杂。它在文本分类的很多应用中都显示出较好的性能[95]。

在第 5 章中，将对在自动文本分类领域应用比较多的几种分类方法进行比较详细的阐述。

1.3.5.2 自动聚类

自动聚类[106-108]是根据文档向量之间的相似性，通过确定聚类中心对文档进行分类。由于自动聚类的分类结果是在待分类文档的基础上动态生成的，其形成的分类体系/结构是动态变化的，不固定的。自动聚类法主要可以分为等级聚类法、划分聚类法、启发式聚类法、基于密度的聚类法、基于网格的聚类法和基于模型的聚类法等。具体的聚类方法主要有单遍聚类法（Single－pass Clustering）和后缀树聚类法（Suffix Tree Clustering）等。

（1）单遍聚类法[109]是按照一定的顺序从待分类的文档集合中取出一篇文档，任意赋予它一个新的类别，其对应向量作为该新类的聚类中心向量，此后取出的各篇文档与该类中心向量进行运算得到相似度。当相似度大于给定的一个阈值时，就将该网页归入此类，同时调整类中心向量；否则，该文档就另立新类并且创建该类的中心向量。要处理的每一篇文档依次与已有的类中心向量进行比较，将其归入相似度最大且大于给定阈值的类中，并及时调整该类的中心向量。这种方法计算比较简单，但具有明显的次序依赖，对于同一聚类对象按不同的次序聚类，会出现不同的聚类结果，而且容易出现类目分布不均衡的问题。

（2）后缀树聚类法[110]是一种线性时间聚类算法，它把一篇文档看作是一个由若干短语（具有一个或者更多的词的有序序列）组成的字符串，而不是看作一组词的集合，并根据待聚类文档中的相似短语进行聚类。后缀树聚类法作为一种模糊聚类方法，允许交叉聚类，而且处理速度较快，适合处理基本的字符串问题，如发现最长重复子串[111]，相似字符串匹配等。Grouper[107]是 Oren Zamir 和 Oren Etzioni 研制的一个自动聚类系统，它的主要作用是对一个元搜索引擎返回的结果进行自动聚类。

自动归类和自动聚类这两种方法的区别主要在于自动归类是预先分类，需要训练集和固定的分类体系，处理比较复杂；自动聚类比较容易实现，但分类体系不确定，难以形成准确的类别标识。这两种方法各有利弊，可根据具体情况来选择不同的分类方法。在搜索引擎的应用中，自动聚类是在用户检索结果的基础上进行动态聚类，会在一定程度上影响搜索引擎的响应速度，增加用户检索的等待时间；而自动归类则可以对网页资源进行预先分类，用户检索时只需直接调用分类结果就可以了，因此对用户的检索速度影响较小。考虑到搜索的速度是搜索引擎的重要性能之一，在本书中主要采用自动归类的技术进行网页的自动分类。以下所提的自动分类指的都是自动归类的技术。

1.3.6 个性化技术

由于用户在知识背景和实际需求等方面的差异性，一方面，对同一个概念，不同的用户会使用不同的描述方法，提交给搜索引擎不同的查询词；另一方面，输入相同查询词的用户，实际的信息需求也可能有很大不同。比如，同样要检索关于酒精的信息，一般的用户会直接输入“酒精”，而有化学背景的用户会输入酒精的化学名称“乙醇”。而即使是输入了同样的查询词“乙醇”，不同的用户想要了解的信息也是不同的，从事化学分析的用户想获取乙醇制备和性能方面的信息，而从事供销工作的用户可能只想知道从哪里可以买到乙醇。基于语义的检索力图来解决第一种情况中遇到的问题，如 1.3.3.3 节中所述；个性化技术则着力于解决第二种情况所提出的问题。

所谓个性化检索[30]，就是根据不同用户的兴趣和具体情况，对用户查询做出不同的理解和语义的扩展，返回给用户不同的检索结果。通过个性化检索，搜索引擎可以针对不同用户提供不同的检索结果，以更好地满足不同用户的信息需求。

1.3.6.1 用户兴趣模型

用户兴趣模型（User Profile）是实现检索个性化的重要方法[28-31, 112-115]。它可以根据用户的兴趣信息，通过建立某种兴趣模型来影响用户的检索过程。用户兴趣模型的关键问题包括如何收集用户的信息，以及如何建立和利用用户兴趣模型来影响检索结果。

用户信息可以通过两种方法进行收集。其一，用户主动提交自己感兴趣的主题和网络资源。这种方法实现比较简单，用户信息比较准确，但在一定程度上增加了用户使用搜索引擎的负担，有些用户可能不愿意花费时间来主动提交信息，从而无法实现个性化。其二，通过记录和分析用户的搜索历史，如用户搜索的查询词、浏览页面以及时间等信息，或者分析系统的日志，来获取用户的兴趣所在。这种方法不依赖用户提交信息，可自动执行。但实现起来比较复杂，收集的信息不够准确，而且需要一定量的用户信息积累。在实际的用户信息收集中，可以将这两种方法结合起来使用。这样，既可以提高信息收集的准确性，也可以减轻用户的负担来快速收集信息。

根据收集到的用户信息，可以建立用户兴趣模型。用户兴趣模型的建立可以是基于规则的，也可以是基于内容的。基于规则的建模方式比较复杂，通常需要人工参与，难以更新和维护；基于内容的建模方式可以由系统自动完成，易于更新。较简单的方法是将用户信息处理成一组向量，用这个向量组来表示用户兴趣。机器学习的有关技术，如最近 k 邻居法、支持向量机等，也可以用来建立用户兴趣模型。

通过用户兴趣模型，可以给不同的用户返回不同的检索结果。影响检索结果的具体方法有两种：一种是重排法，即根据用户兴趣模型，为检索到的文档赋予不同的权值，来影响文档的最终排序，将用户最感兴趣的文档优先显示；另一种是过滤法，通过用户兴趣模型来判断返回文档是否与用户兴趣相关，将用户不感兴趣的文档从检索结果中过滤掉。

基于规则的个性化服务系统，如 IBM 的 WebSphere[116] 和 ILOG[117] 等，它们允许系统管理员根据用户的静态特征和动态属性来制定规则。一个规则实际上是一个 If—Then 语句，规则决定了在不同的情况下如何提供不同的服务。这种系统的优点是简单、直接，缺点是规则质量很难保证，而且难以动态更新。此外，随着规则数量的增多，系统将变得越来越难以管理。

基于内容的个性化服务系统，如 Personal WebWatcher[118]，Syskill& Webert[119]，Letizia[120]，CiteSeer[121]，ifWeb[122]，SIFTER[123] 和 WebPersonalizer[124] 等，它们利用信息资源的内容与用户兴趣的相似性来对信息进行过滤。这些系统的优点是简单、有效；缺点是难以区分资源的质量，在帮助用户发现新的感兴趣的资源方面也有局限性，只能发现与用户已有兴趣相似的资源。

1.3.6.2　用户信息反馈

用户在检索中存在着概念模糊和概念迁移的现象[31]。前者表现为用户对所需信息表达得不清晰或不准确；后者表现为用户在浏览查询结果后信息需求发生变化，或者在一段时间内兴趣发生了迁移。这些现象使得搜索引擎需要采取某种策略来适应用户的这种检索特征。利用用户对返回文档的反馈和评价，可以调整文档或者用户兴趣的表示，使返回结果更能满足用户需求。

对用户反馈信息的收集，同用户兴趣信息收集类似，可以通过设计界面使用户主动提交对返回文档的评价，也可以使用软件自动进行收集。对用户反馈信息的利用通常有两种方式[31，113]：一种是根据用户反馈信息直接影响该用户接下来的检索结果，这是实现个性化检索的一种途径；还有一种是使用所有用户的反馈信息，来调整整个索引库的文档表示，使之可以反映用户对文档的评价和满意度，从而影响所有用户的检索结果，这是一种自适应的机器学习的方法，可以不断自动提高搜索引擎的性能。

使用用户反馈信息来影响所有用户的检索结果的个性化服务系统，如：WebWatcher[125]，Let's Browse[126]，GroupLens[127]，SELECT[128]和 SiteSeer[129]等，利用用户回馈信息来过滤和推荐信息。基于用户协作的过滤系统的优点是能为用户发现新的感兴趣的信息；缺点是在系统使用初期，由于系统资源还未获得足够多的评价，系统很难利用这些评价来为用户发现新的兴趣信息，而且随着系统用户和资源的增多，系统的性能会越来越低。

1.4 本书研究背景及内容

1.4.1 本书研究背景

随着 Internet 的迅速发展，Internet 正在成为各类信息的主要载体，其中也包括了大量化学化工方面的信息。面对这些分布在 Internet 上的海量的化学化工信息，专业人员同样要使用搜索引擎提供的服务，来快速方便地找到自己所需的信息。常见的搜索引擎，如 Google[3]、Yahoo![7]、百度[13]等，通常不加区分地收集和索引 Internet 上的所有资源，检索时按照资源的相关性和权威性对返回结果进行排序，优先返回具有通用意义的资源，没有充分考虑用户对某些专业领域的信息需求。这种搜索引擎，可以称之为通用搜索引擎（General - purpose Search Engine）。

使用通用搜索引擎，由于检索结果中常包含较多与专业知识相关性很小的内容，专业人员需要耗费较多的时间和精力来剔除无用信息。网络信息的海量性和动态性，也使得任何一个搜索引擎都不可能对所有信息进行索引[4]。因此，面向某个特定领域的主题搜索引擎，或称为专业搜索引擎，就成为一个重要的发展趋势，如化学主题搜索引擎。专业搜索引擎通过搜索引擎的专业化来提高系统的查准率，使系统的有限资源可以集中到 Internet 上海量信息的特定领域中，更好地满足专业用户的需求。

主题或专业搜索引擎，将收集和索引的对象定位于 Internet 上的专业领域的资源，并针对专业学科的特点，为专业领域的相关人员提供专业性更强的检索服务，可以有效提高用户查询 Internet 专业信息资源的效率。

基于人工收集和索引网络资源的专业资源导航系统的研究开始得比较早。例如，在化学化工领域，国内外开发较早并具有一定影响力的主要有以下几个站点：

（1）美国印第安纳大学的 CHEMINFO[130]：始于 1993 年。其优点是把传统的主要化学信息源与相关的 Internet 化学资源有机组织在一起，为化学工作者获取 Internet 化学资源提供了较好的背景和内容介绍，但它的资源覆盖面较小。

（2）英国谢菲尔德大学的 ChemDex[131]：1993 年建立。资源分类比较系统，链接站点较多（目前有 7000 多个），并对部分资源给出简短介绍。该网站还提供一个基于 Web 的元素周期表以及以化学元素为基本对象的综合性数据库。

（3）英国利物浦大学的"Links for Chemists"[132]：1995 年建立，链接站点已达到 8000 多个。此站点还有德语和法语版本。没有对资源进行描述。

（4）中国科学院过程工程研究所的 ChIN（The Chemical Information Network）[133]：作为一个 Internet 化学化工资源的目录导航系统，从 1996 年开始提供服务，目前是国家科学数字图书馆的化学学科信息门户。自 1998 年以来，访问 ChIN 的总请求数超过 7000 万，近期每月的平均请求数超过了 250 万[133]。ChIN 以对 Internet 化学化工资源进行系统研究为基础，注重对资源的评价和精选，为资源建立了反映资源概貌和特征的简介页，并在相关资源的简介页之间建立相关链接。除了导航系统通用的目录浏览模式外，用户还可以通过 ChIN 站点的检索功能来定位自己感兴趣的内容。

虽然化学化工资源导航系统在信息资源的质量和组织方面可以较好地满足专业人员的需要，但由于需要大量的人力来收集和维护资源，难以适应快速增长并动态变化的 Internet 化学化工资源的需要。因此，研究基于自动收集和索引，并能够提供针对专业特征的检索服务的化学化工主题搜索引擎，无疑具有重要的科学意义和紧迫性。

目前，正在运行的化学化工主题搜索引擎比较少，其中主要有：

(1) 美国的 ChemIndustry[134]：这是一个将人工收集网页和搜索引擎的搜索技术结合在一起的化学化工资源搜索引擎系统，具有比较完善的目录浏览和基本的检索功能。其目录浏览建立在人工收集的基础上，目前收集有 7 万多个站点；在网页检索中，并没有根据化学化工专业信息的特点提供细致的专业分类结果，也没有个性化检索的功能。

(2) 德国 FIZ CHEMIE Berlin 公司的专业搜索引擎[135]：这个搜索引擎系统包括三个部分，即关于通用化学资源的 ChemGuide、关于生命科学资源的 MedPharmGuide、和关于科学出版商信息的 PublishersGuide。此系统对相关专业的德文和英文信息进行收集，可提供基本关键词检索以及布尔逻辑检索等功能。没有提供资源的专业分类信息和个性化检索。

(3) 德国 Chemie. DE Information Service GmbH 公司的 Chemie. DE[136]：它具备搜索引擎的基本检索功能和一个由人工维护的分类导航系统。分类系统目前收集了 1 万多个站点资源；搜索引擎对网络中德文和英文的不同文档类型（包括网页、PDF 文档和 WORD 文档）的资源进行了索引，可分别根据不同的语言或不同的文档类型进行检索。在搜索引擎的检索结果中没有提供资源的专业分类信息，也没有实现个性化的检索。

(4) 美国的 Chmoogle[137]：它是第一个可搜索化学结构的搜索引擎。与通常的文本搜索引擎不同，Chmoogle 专注于对化学品的分子结构进行索引和检索，使得专业人员可以通过提交化学品的分子结构来对网络或专业数据库中的化学品进行子结构检索或完全匹配结构检索。用户可以通过一个嵌入的分子结构编辑器来提交分子结构，也可以使用化学品的 SMILES 结构表达式、常用名、CAS 登录号等进行检索。检索结果包括相关化学品的分子结构和供应商等信息。

上述的几种专业搜索引擎各有特点。它们目前都没有对检索结果进行专业分类，也没有提供个性化的检索功能。而且，这些搜索引擎都不支持中文信息的检索。在国内，目前尚没有一个完全意义上的面向化学化工专业的搜索引擎系统。

本书工作的主要目的，就是要在自动收集和索引 Internet 化学化工资源的基础上，研究化学化工信息的智能处理和智能检索方法，研究建立 Internet 化学化工主题搜索引擎，为化学化工相关的用户提供方便有效的网络检索服务。

1.4.2　本书研究内容

研究以建立一个完整的化学化工主题搜索引擎系统为例，阐述 Internet 主题搜索引擎的设计研究成果。为了给专业用户提供更好的检索服务，除了传统的基于倒排索引的信息检索外，需要给用户提供更智能化、专业化、个性化的服务。其中，主要有以下几个方面的问题需要解决：

（1）控制信息收集：实现主题爬行器来控制信息的收集，仅仅采集网络上与主题相关的信息。例如目前网络上的购物搜索就大都是通过网页信息筛选，单独抓取购物网页来实现的。在搜索引擎的源头控制信息收集，可以保持信息采集精度、缩短采集时间、减少存储、加快检索、节约网络资源，是实现高性能主题搜索引擎的重要方法。

（2）优化排序：由于用户往往只关心搜索引擎返回的前几页检索结果，因此，需要对检索结果进行更好的排序。而优化排序时，怎样评价一个网页的重要性，以及如何得到和使用网页的重要性，都是需要重点考虑的问题。本书中使用网页之间的链接关系来评价网页的重要性，并实现了 PageRank 算法来得到网页的链接重要性。为了在使用网页的重要性时尽量减小对检索速度的影响，本书使用了一种能够快速得到网页的最终相关度权值的方法。

（3）专业化自动分类：由于 Internet 专业主题搜索引擎中索引的网页都与专业相关，其语义本身有着较大的相似性，同时也由于网页信息的多样性和复杂性，使得传统的自动分类算法对专业网页的自动分类效果较差。因此，需要结合网页的特性和专业知识，来改进自动分类算法的分类效果。怎样利用网页的专业分类信息来实现专业化的检索也是一个需要考虑的问题。本书中提出了一种基于专业词典的多语言自动分类方法来提高专业网页的分类效果，并使用信息过滤的方法来实现专业化检索。

（4）个性化模型的建立：为了实现个性化检索，需要收集用户的个性化信息，并使用收集到的信息来表达用户的搜索兴趣，继而提供个性化的检索结果。而如何准确有效地收集用户信息、如何建立有效的用户兴趣模型以及如何使用用户兴趣模型来实现个性化检索都是需要解决的问题。本书在研究个性化检索的过程中对这些问题进行了探讨，并提出了相应的解决方案。

本书主要研究和实现主题搜索引擎中的检索和排序策略，力求在提供相关度检索和网页重要性排序的基础上，通过自动分类和个性化检索，为专业人员提供更方便有效的检索服务，满足用户对专业信息的检索需求。

本书介绍了 Internet 主题搜索引擎系统的总体设计和规划，并对搜索引擎系统整体框架中的各个基本模块的主要功能和实现思路进行概述。同时就主题搜索引擎的爬行策略以及检索和排序策略进行阐述。研究主题爬行器的实现策略、基于倒排索引的关键词检索的实现策略、基于网络链接结构分析的网页评价算法及其对排序的影响，并将之应用于主题搜索引擎中，使得搜索引擎可以将质量较好的相关网页优先显示给用户。同时，对主题搜索引擎中实现的多种检索功能进行描述。

由于分类信息可以帮助用户快速定位到所需的资源，本书采用专业学科多层分类体系，将专业主题搜索引擎中索引的网页资源进行自动分类，并提出了一个基于专业词典的中英文自动分类方法，使得对专业网页资源的分类效果得到有效提高。通过对网页资源进行预先分类，使用户在使用专业主题搜索引擎进行检索时，可以通过点击系统提供的学科分类树，将感兴趣的类别的相关文档从检索结果中筛选出来，从而有效提高用户检索的效率。专业信息分类方法的具体描述、测试结果及其在主题搜索引擎中的应用在第 5 章进行详细的介绍。

为了适应用户信息需求的个性化特点，本书第 6 章研究个性化检索的具体实现策略。针对个性化信息收集的问题，本书采用用户主动提交和系统自动收集相结合的收集策略；对建立用户兴趣模型的不同的机器学习算法进行研究和比较；在专业主题搜索引擎中实现检索的个性化，使搜索引擎可以针对不同的用户兴趣，提供不同的检索结果。

本书最后对 Internet 主题搜索引擎的研究工作进行了展望。

第 2 章　Internet 主题搜索引擎的总体设计

2.1　Internet 主题搜索引擎概述

网上的信息浩如烟海，网络资源快速的增长，一个搜索引擎很难收集全所有主题的网络信息，即使信息主题收集得比较全面，由于主题范围太宽，很难将各个领域都做得精确又专业，故检索结果垃圾太多。这样，主题搜索引擎（Focused Search Engine）或者垂直搜索引擎（Vertical Search Engine）以其高度的目标化和专业化在搜索引擎领域中占据了一席之地。面向主题的搜索引擎是一种分类精确细致、更新及时的搜索引擎，是搜索引擎的细分和延伸。相对通用搜索引擎的信息量大、查询不准确、深度不够等问题，主题搜索引擎作为新的搜索引擎服务模式，其特点就是“专、精、深”，且具有行业色彩。

主题搜索引擎根据服务的对象不同可大致分为三类：

（1）针对特定领域的主题搜索引擎。对于特定行业内的科研和从业人员来说，希望从互联网上得到更专业、更深入和更有价值的信息。行业主题搜索引擎，如化学化工主题搜索引擎、电力搜索引擎等。

（2）针对特定人群的主题搜索引擎。不同教育背景、年龄层次的网民有不同的信息需求，因此针对特定人群提供信息服务，是以人为本的要求。如学术搜索引擎、儿童搜索引擎、老年搜索引擎等。

（3）针对特定需求的主题搜索引擎。针对人们对特定的事物或服务的强烈或经常性的需求，提供精确深入的更有针对性的信息服务。如地图、音乐、图片、股票、天气、购物等类的搜索引擎。

主题搜索引擎的实现包括内容和技术上的各种针对主题的限制性策略。实现方法主要包括以下几种：

（1）内容控制：从爬行器的设计开始，控制信息采集更新的网站范围，将索引和检索信息限制在特定的主题网站之内。例如化学化工主题搜索引擎的爬行搜索只是局限于与化学化工相关的网站信息，音乐搜索引擎只收集与音乐相关的网站信息和数据等。对内容的控制涉及主题搜索引擎的各个方面，包括爬行器的主题化设计、索引结构和算法的设计、检索策略的设计以及界面显示方式的设计等。

（2）技术控制：除了对内容的控制之外，主题搜索引擎的实现还依赖于各种人工智能和数据挖掘技术的应用。如进行文本分类或过滤，提取主题信息进行索引和检索。例如通用搜索引擎 Google、百度等在自身通用网页库的基础上提供的学术、购物、图片等主题搜索服务；随着搜索引擎的发展和用户需求的提高，提供个性化的信息检索服务成为搜索引擎领域的共识。个性化技术的应用也成为主题搜索引擎的一个重要的发展方向。

目前限于技术和商业原因，主题搜索引擎的开发实现还存在着较大的不足和发展空间。本章以化学化工主题搜索引擎 ChemEngine（Chemistry Search Engine）为例，详细阐述 Internet 主题搜索引擎的总体设计。

2.2　Internet 主题搜索引擎的目标

Internet 化学化工主题搜索引擎的主要目标是以对 Internet 化学化工资源进行深层次挖掘和收集为基础，通过专业化的索引、检索和排序，专业化的自动分类以及个性化的信息检索，为化学化工专业用户提供有效、快速、方便的网络检索服务。

Internet 化学化工主题搜索引擎的主要服务对象是化学化工相

关的人员，包括科研、企业、普通用户等。这些用户关心的网络信息通常集中在化学化工领域，因此，需要从搜索引擎的收集、索引和检索等各个方面对网络资源进行专业化的处理，使得用户通过化学化工主题搜索引擎检索到的资源都与化学化工相关，从而在检索对象的层次上，对用户查询进行语义的扩展。这样，化学化工主题搜索引擎与通用搜索引擎相比，可以为用户节省用于剔除无用信息的时间，有效提高用户检索的效率。

为了给国内化学化工领域的专业人员提供信息检索服务，Internet 化学化工主题搜索引擎除了要收集英文资源外，还要充分收集 Internet 上的中文化学化工资源，在资源的处理和为用户提供的检索功能上，应该充分考虑到中文信息的影响。与英文等单字节并有着天然分隔符的文字相比，中文在表达和结构上要复杂得多。因此，搜索引擎需要采用相关技术对中文信息进行专门处理。

为了给化学化工相关的专业人员提供更好的检索服务，Internet 化学化工主题搜索引擎应该在传统搜索引擎技术的基础上，充分考虑用户的实际需求，研究和采用信息处理和机器学习等领域的相关技术，使搜索引擎可以为用户提供更为专业化、智能化和个性化的网络检索服务。

2.3 Internet 主题搜索引擎的总体设计

通过广泛深入的文献调研和需求分析，Internet 化学化工主题搜索引擎 ChemEngine 的总体框架如图 2.1 所示。

在 Internet 化学化工主题搜索引擎 ChemEngine 的总体框架中，各个部分之间相互联系，共同构成一个完整的专业搜索引擎系统。其中主要模块之间的关系和数据流程可描述如下：

(1) 专业知识：包括化学化工专业知识库和化学化工专业词典两种信息库。在 Internet 化学化工主题搜索引擎 ChemEngine 中，主要通过化学化工专业知识库和化学化工专业词典来体现整个系统

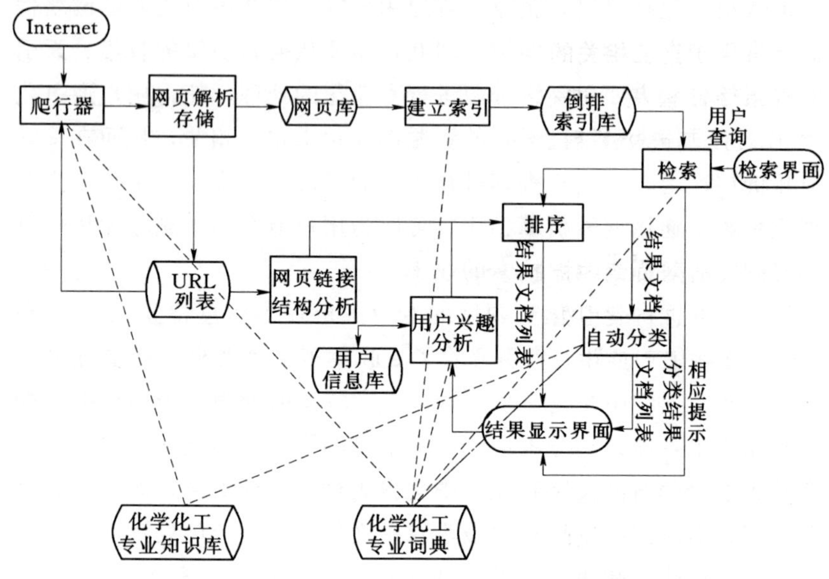

图 2.1　Internet 化学化工搜索引擎 ChemEngine 总体框架图

Fig. 2.1　The architecture of ChemEngine, an Internet chemistry - focused search engine

的专业知识。其中化学化工专业知识库，可以是一个反映 Internet 上化学化工资源分布的文档集合，或者一个化学化工资源的概念规则空间。本书将化学化工资源导航系统 ChIN[133] 中由人工收集和索引的网络资源作为专业知识库。化学化工专业词典，则是一个与化学化工相关的词或词组的集合，这些词条之间可以存在词义和词性的联系，中英文之间也可以存在对照翻译的联系。本书中的专业词典包括中英文词或词组，通过自动提取和人工筛选，从化学化工相关的资源中进行收集，词条之间存在着中英文对应关系和同义词联系。这两种专业知识共同在搜索引擎不同的功能模块中发挥着作用，以体现搜索引擎在爬行、索引、检索和排序等方面的专业性。

（2）爬行模块：包括爬行器和网页解析和存储两个功能模块以及网页库和 URL 列表两个信息库。在 ChemEngine 中，爬行器在化学化工专业知识库和专业词典的控制下，集中优先抓取 Internet 上与化学化工相关的资源，再将这些抓取下来的网页传递给网页解析和存储模块，进行解析和存储，将网页中超链接指向的网页 URL 及其链接关系放入 URL 列表中，来指导爬行器的继续爬行，并将解析后的网页经过压缩后放入网页库中。

（3）索引模块：包括建立索引功能模块和倒排索引库。建立索引模块从网页库中提取出爬行器收集的网页资源，并在解压缩后对这些网页进行索引处理，建立倒排索引，并将网页的倒排索引信息存入倒排索引库中，供检索模块使用。

（4）用户界面：包括检索界面和结果显示界面。检索界面给用户提供输入查询条件的接口，并获取用户提交的查询条件，然后将这些用户查询传递给检索模块；结果显示界面用来将搜索引擎返回的检索结果或相应的提示信息返回给用户。

（5）检索模块：检索模块在接收到检索界面传递的用户查询后，根据用户查询进行相应处理。如果用户输入不符合搜索引擎要求的条件，如查询为空或查询词不存在等，则将相关提示信息通过结果显示界面返回给用户。如果为有效的查询条件，检索模块就从倒排索引库中检索到与用户查询相关的文档，并将这些文档及其查询相关度提交给排序模块。

（6）排序模块：包括排序和网页链接结构分析两个功能模块。为了对检索结果进行更好的排序，将质量较好的网页优先显示给用户，网页链接结构分析模块根据 URL 列表中记录的网页之间的链接结构，通过某种算法来得到网页的链接重要性权值。当排序模块接收到检索模块传递的结果文档信息后，将这些文档的查询相关度和链接重要性权值相结合，对检索结果进行排序，并将得到的结果文档列表通过结果显示界面返回给用户。

（7）自动分类模块：为了提高用户的检索效率，ChemEngine 通过事先对网页资源进行专业化自动分类，使得用户可以通过系统在检索界面提供的专业分类树，来获取自己感兴趣的类别的相关信息。当用户点击分类树上的某一结点时，排序模块就将排好序的结果文档提交给自动分类模块，自动分类模块结合这些文档的分类信息，将只属于该结点对应类别的分类结果文档列表返回给用户。

（8）个性化检索模块：包括用户兴趣分析模块和用户信息库。ChemEngine 在用户注册后，用户兴趣分析模块可以通过用户主动提交，或者系统自动记录用户的搜索行为的方式，来收集到用户的个性化信息，并将这些信息存储在用户信息库中。然后根据这些用户信息建立用户兴趣模型，通过用户兴趣模型对网页进行个性化标注。那么用户在检索界面登录后，如果想要获取个性化的检索结果，ChemEngine 的排序模块，就会在文档的查询相关度和链接重要性的基础上，再结合用户兴趣分析模块得到文档的个性化信息，对与用户查询相关的文档进行排序，然后将个性化的排序结果列表返回给用户。

本书在一台 Linux 服务器上实现并建立了一个 Internet 化学化工主题搜索引擎的原型系统，并在保证一定索引数据量的情况下，研究专业搜索引擎的相关技术，实现如图 2.1 所示的有关检索功能。

2.4　Internet 主题搜索引擎的基本模块

根据 Internet 化学化工主题搜索引擎的总体设计，可知 ChemEngine 的主要模块主要包括爬行、索引、检索、排序、自动分类和个性化检索。Internet 化学化工主题搜索引擎的各个模块之间相互关联，共同构成一个完整的主题搜索引擎系统。本节对 ChemEngine 中基本模块的主要功能和实现思路进行说明。

2.4.1　爬行

主题搜索引擎需要一个专业化的爬行器来对网络中的资源进行识别和收集。在通用爬行器的基础上，为了收集的网络资源集中在化学化工领域，Internet 化学化工主题搜索引擎的爬行器需要对待爬行的 URL 列表进行筛选，因此需要构建化学化工知识库，并基于此设计专业化的爬行算法，来保证爬行器可以专注高效地收集与化学化工相关的网页信息，同时也为用户检索时只得到专业性的资源提供较好的基础。

同时，ChemEngine 的爬行器考虑高效的网页访问策略，包括网页的爬行顺序、优先性策略以及网站友好策略，来保证爬行的及时和高效。

2.4.2　索引

索引器主要用来为网页建立倒排索引。为了使 Internet 化学化工主题搜索引擎适应对海量专业信息进行存储和快速检索的要求，需要设计并实现一个专业化的索引器。

在通用索引器的基础上，首先作为一个中英文通用的搜索引擎，索引器需要采用合适的分词算法来准确提取网页中的中英文信息，同时，还需要考虑到化学化工领域的特殊性，使用化学化工专业词典对网页信息进行合理分割和准确提取。

在建立倒排索引时，还需要考虑到中英文的编码方式的不同对索引项存储的影响，以及索引项在网页中的位置对其重要性的影响，来保证用户可以准确快速地得到检索结果。

2.4.3　检索

为了准确快速地根据用户提交的查询检索到相关网页，ChemEngine 使用基于倒排索引的关键词检索来提供基本的信息检索服务。检索器根据用户查询，从倒排索引库中检索到相关的文档。首先，检索器对用户查询进行与网页相似的处理，即匹配化学化工专业词典、除去停用词等，然后根据不同的情况对查询进行不同的处理。如果用户查询不符合搜索引擎要求的条件，如查询为空或查询词不存在等，则将相关提示信息通过结果显示界面返回给用户；如果用户查询为有效的查询条件，则根据得到的查询词，从倒排索引库中检索到相关的文档，并计算出这些文档与查询之间的相似度，完成基于倒排索引的关键词检索，然后将这些结果文档及其查询相关度提交给排序模块。

具体的检索实现过程可以举例如下。如果用户查询词为"chemist"，则根据如图 2.2 所示的倒排索引，检索器可以迅速得知与用户相关的文档有 19 个，然后，检索器根据每个文档中该查询词出现的频率和位置信息计算出文档与用户查询的相关度后，将这 19 个文档及其相关度一起返回给排序模块。

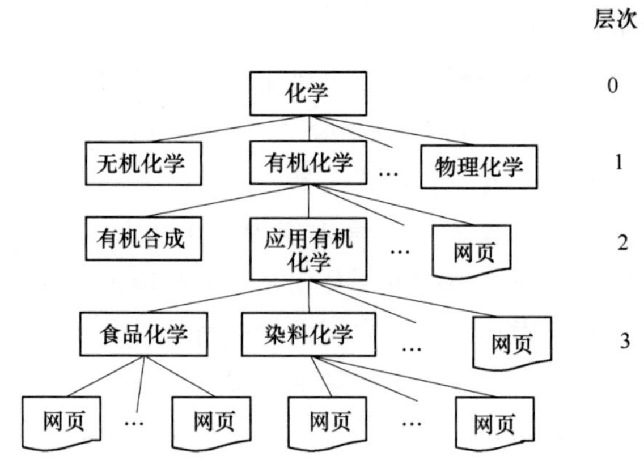

图 2.2　ChemEngine 中的化学学科分类体系

Fig. 2.2　Chemistry taxonomy in ChemEngine

由于 ChemEngine 是在 Internet 上为广大用户提供专业化检索，可能有很多用户同时在使用它进行搜索，因此，ChemEngine 的检索器应该采用并行的多线程策略，使得每个用户查询都对应一个独立的线程，来提高用户的查询效率。

由于用户的查询在一定时间跨度内有趋同性[19]，ChemEngine 的检索器应该采用缓存（Cache）策略，将用户最近的查询和相关文档进行缓存。那么当用户在短期内重新提交相同的查询条件时，搜索引擎就可以直接从缓存中获取相关文档，使用户的检索过程加快。同时，为了给用户提供更多样化的检索服务，检索器还应该能够处理用户提交的布尔查询、词组查询、站点查询、链接查询等多种形式的查询条件。

2.4.4 排序

排序模块根据一定的排序策略，对检索器返回的用户查询相关文档进行最终排序，并将排好序的检索结果返回给用户。为了给用户提供更好的排序结果，排序模块应该包含一个网页链接结构分析模块，通过事先计算所有网页的链接重要性权值，使之与检索器返回的网页的查询相关度一起，共同决定结果文档的排序。

在网页链接结构分析模块中，ChemEngine 从爬行器收集和记录的 URL 列表以及 URL 之间的链接关系中，提取和分析网页间的链接结构信息，并使用 PageRank[9,85] 技术，计算出所有网页的链接重要性权值。这样，当排序模块接收到检索器的检索结果后，就可以快速提取出相关文档的重要性权值，并与文档的查询相关性一起，得到网页的最终排序。

对于个性化检索来说，当用户登录并要求搜索引擎按照其指定的用户兴趣进行检索时，ChemEngine 的排序模块，则需要在查询相关度和链接重要性权值的基础上，再结合网页的个性化信息，来对用户查询相关的网页进行排序，为用户提供个性化的检索结果。

2.4.5 自动分类

ChemEngine 的自动分类模块是通过预先对 ChemEngine 中索引的网页进行自动分类来获取网页的分类信息，使用户可以在检索时获取相关网页的分类信息，提高用户的检索效率。其中，专业分类器的结构如图 2.3 所示。

这个专业分类器对 ChemEngine 收集和索引的化学化工相关的网页资源进行更加细致的专业分类。结合化学化工专业的特点和已有的资源，ChemEngine 采用的分类体系是国家自然科学基金委的化学学科代码体系[141]，它是一个多层次的化学学科分类体系，共有 3 层，341 个子类，如图 2.2 所示。这个分类体系的详细类别情况参见附录 C。

基于这个分类体系，专业分类器首先使用 ChIN[133] 中由人工

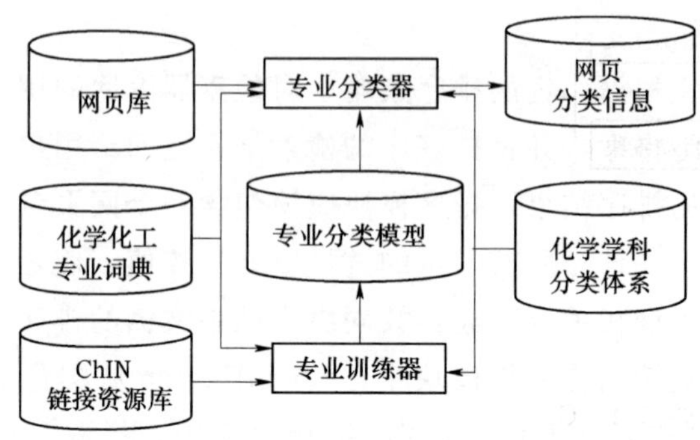

图 2.3　ChemEngine 专业分类器结构示意图

Fig. 2.3　The architecture of the focused classifier in ChemEngine

收集和索引的化学化工网络资源作为训练集进行训练，这些资源已经基于这个分类体系由人工进行了分类。训练生成的专业分类模型被专业分类器用来对 ChemEngine 网页库中索引的网页资源进行自动分类，并将所得的网页分类信息进行存储。

在这个专业分类器中，采用一种基于化学化工专业词典的自动分类方法，来提取和强化文档中的化学化工专业信息，增强文档之间的区分度，以获取较好的分类效果。

在对索引的网页资源进行自动分类的基础上，ChemEngine 在用户的检索界面上，根据图 2.2 中所示的化学学科分类体系，提供一个专业分类树。用户可以根据自己的兴趣点击分类树上的某个类别结点，然后搜索引擎通过自动分类模块提供的网页分类信息，对用户检索结果进行筛选，将只与用户点击的类别相关的结果文档显示给用户，从而提高用户检索的效率。

2.4.6　个性化检索

为了给用户提供个性化的检索，ChemEngine 的个性化检索模块通过收集用户信息，建立用户兴趣模型，然后基于用户兴趣模型对 ChemEngine 中索引的网页进行用户兴趣分析，来获取并存储网页的个性化信息，如图 2.4 所示。

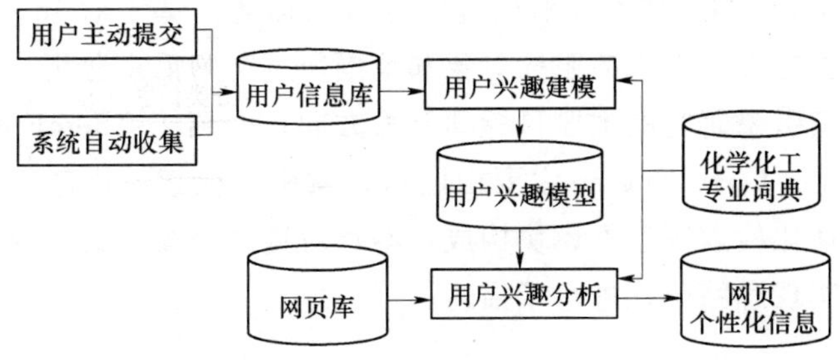

图 2.4 ChemEngine 用户兴趣分析器结构示意图

Fig. 2.4 The architecture of the user interest analyzer in ChemEngine

ChemEngine 可以通过两种方式来收集注册用户的个性化信息。一种是用户通过 ChemEngine 提供的兴趣定义界面来定义和提交自己的兴趣，用户的兴趣可以用关键词、网址或文档等多种形式进行描述，一个用户可以定义多个兴趣；另一种是系统在用户登录后，自动跟踪记录用户的搜索行为，包括用户输入的查询词、查询时间以及浏览网页等信息，来自动收集用户的兴趣信息。用户可以在 ChemEngine 提供的兴趣管理界面对系统收集的个性化信息进行查看和管理。

用户兴趣模型的具体建模方法可以采用机器学习中的相关技术。在这个过程中，同样使用化学化工专业词典来提取和强化用户兴趣中的专业信息，提高用户兴趣分析的效果。

ChemEngine 在用户登录后，根据建立的用户兴趣模型自动生成用户的兴趣列表。这样用户在检索时就可以通过点击自己的兴趣主题，使搜索引擎根据网页的个性化信息对检索结果进行重新排序，与用户兴趣主题最相关的文档将优先显示给用户，实现个性化的检索。

2.5 本章小结

本章从全局和宏观的角度对 Internet 化学化工主题搜索引擎

ChemEngine 的总体设计框架进行分析和描述；基于对 Internet 化学化工主题搜索引擎的服务对象和范围所进行的需求分析，提出了专业搜索引擎研究的主要目标和努力方向；介绍了 ChemEngine 的整体框架。ChemEngine 主要由爬行、索引、检索、排序、自动分类和个性化检索等基本模块构成，本章对这几个模块的主要功能和基本的实现思路分别进行了描述。

第3章　Internet主题搜索引擎的信息收集和索引

Internet主题搜索引擎的信息收集和索引模块实现搜索引擎的信息收集和存储功能，根据提供的种子URL，自动从互联网中收集网页信息，并存储到数据库中。收集和索引模块是搜索引擎系统的基础和重要组成部分。

3.1　Internet主题搜索引擎的收集策略

搜索引擎的信息收集通常是由网络爬行器或称之为爬虫（Crawler）、机器人（Robot）的网页自动抓取程序来完成的。

3.1.1　爬行器的基本概念

网络爬行器或者蜘蛛是一种按照一定的规则，自动抓取万维网信息的程序或者脚本。搜索引擎使用爬行器来获取网页信息，然后搜索引擎就可以对得到的页面进行索引，以提供快速的访问。爬行器也可以在网络上用来自动执行一些任务，例如检查链接，确认HTML代码；也可以用来抓取网页上某种特定类型信息，例如抓取电子邮件地址、图片信息等。

一个网络爬行器就是一种自动执行程序或者软件代理。它一般从一组要访问的URL链接列表开始，可以称这些URL为种子。爬行器访问这些链接，然后识别出这些页面的所有超链接，再添加到URL列表中。这些URL按照一定的策略反复访问。

3.1.2　爬行器的访问策略

对于网络中网页的非线性组织结构，如何保证尽可能地抓取所有网页，按照怎样的顺序来访问网页，称之为网页的访问策略。网页的访问策略一般可以分为深度优先和广度优先两种策略。

(1) 深度优先策略（Depth-First Traversal）：深度优先的URL搜索策略采用先进后出的堆栈方式。这种策略可以深入到服务器中，发现网站文档的完整结构，而且可以集中获取某个网站的网页，节省爬行的时间，但容易过度深入某些网站而影响其他网站服务器的发现。

(2) 广度优先策略（Breadth-First Traversal）：广度优先的URL搜索策略采用先进先出的队列方式，当起始 URL 列表包含有大量的网站服务器地址时，广度优先搜索将产生一个很好的初始结果，在较短的时间内发现较多的网站，但很难深入到网站服务器中去。

由于以上两种策略各有优缺点，可以采用综合的办法。对于每个 HTML 文档中的超级链接，可以分为内部链接和外部链接两种，内部链接是指向本网站的其他文档，而外部链接指向其他网站。对于内部链接，用深度优先算法遍历该网站的所有网页，可以方便地过滤掉重复的 URL 链接或内部交叉链接，提高爬行器的爬行速度和效率。而对于外部链接，则可以使用广度优先的策略在查重后直接加到 URL 列表中，对不同的外部网站 URL 启动不同的线程来获取该网站的资源。

在本书中的化学化工主题搜索引擎 ChemEngine 中，爬行策略采用了广度优先的网页收集策略。使用广度优先策略的主要原因有三点：

(1) 首页重要的网页往往离种子比较近，例如我们打开新闻站的时候往往是最热门的新闻，随着不断的深入，所看到网页重要性越来越低。

(2) 万维网的实际深度有限，到达某个网页的路径很多，但是总存在一条很短的路径。

(3) 广度优先有利于多爬行器的合作抓取，多爬行器合作通常先抓取站内连接，遇到站外连接然后继续抓取，抓取的封闭性很强。

除了基本的网页访问策略外，也要考虑网页的抓取优先策略，也称为“网页选择问题”，首先抓取重要性的网页，这样保证有限资源能尽可能地抓取到重要性较高的网页。网页的重要性判断因素很多，主要有链接欢迎度、链接的重要度和平均深度链接、网站质量、历史权重等主要因素。

化学化工主题搜索引擎 ChemEngine 中，在构建化学化工知识库的基础上，对待抓取的 URL 列表进行筛选，保证优先收集与化学化工专业相关的网页信息。

3.1.3 主题搜索引擎爬行器的设计和实现

为了使 ChemEngine 中收集的网络资源集中在化学化工领域，设计了一个带有分类器的爬行器，来实现专业化的爬行，如图 3.1 所示。

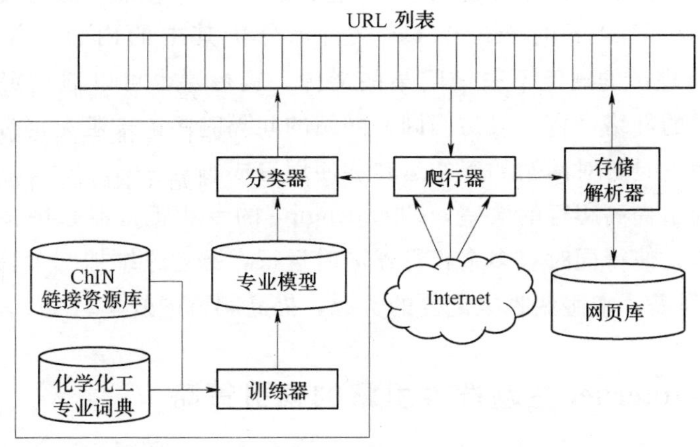

图 3.1 ChemEngine 专业爬行器结构示意图

Fig. 3.1 The architecture of the focused crawler in ChemEngine

在这个专业爬行器中，用一个分类器来判断获取的网页是否与化学化工相关。这个分类器首先使用 ChIN 链接资源形成的专业知识库，以及化学化工专业词典来进行训练，以得到一个化学化工的领域模型。然后当爬行器在 Internet 上抓取网页时，使用这个分类器对抓取的网页进行化学化工相关性的判断。如果网页与专业模型的相似性达到设定的阈值，就认为该网页与化学化工相关，将之交给存储解析器进行解析，从中提取出新的 URL 添加到 URL 列表中，并将该网页压缩后存储到网页库中，同时也将网页的相关信息，如标题、索引时间、URL 链接关系等存储在数据库中。否则，就认为该网页与化学化工无关，直接抛弃掉，不再进行解析和存储。利用这种机制，来控制 ChemEngine 集中收集专业性的资源，同时也为用户检索时只得到专业性的资源提供较好的基础。

在控制收集专业性资源的基础上，ChemEngine 的爬行器使用广度优先的策略，即用先进先出的读取方式从 URL 列表中提取 URL 进行爬行，也可以通过定义爬行的最大深度来控制爬行器在某一服务器中收集网页的最大深度。同时，ChemEngine 的爬行器也需要支持 Robot 限制协议[139]，它在访问一个站点时首先去读取该网站根目录下的 robots.txt 文件，分析其中的内容，并按照 Web 管理员的规定不去访问某些文件。爬行器也可以通过定义某些时段的网络带宽，或访问同一网站的间隔时间，来避免爬行器在访问网站时，对网站的正常运转和使用造成影响。

为了提高爬行的效率，ChemEngine 的专业爬行器采用多线程的策略，使得同时有多个爬行器同时运行，并通过维护一个统一的 URL 列表，来避免收集重复的资源，提高爬行的效率。

3.2　Internet 主题搜索引擎的索引策略

3.2.1　索引器的基本概念

索引技术是搜索引擎的核心技术之一。搜索引擎要对所收集到的信息进行整理、分类、索引以产生索引库，并生成从关键词到 URL 的关系索引表。索引表一般使用某种形式的倒排表，即倒排索引表，使得搜索引擎可以根据索引项查找到相应的 URL。索引表也要记录索引项在文档中出现的位置，以便检索器计算索引项之间的相邻关系或接近关系，并以特定的数据结构存储在硬盘上。

3.2.2 主题搜索引擎索引器的设计和实现

为了使化学化工主题搜索引擎 ChemEngine 中收集的网络资源集中在化学化工领域，我们设计了专业索引器。专业索引器从爬行器收集存储的网页库中提取网页文档，首先进行解压，再对文档进行解析，提取出特征词，建立文档的特征词索引。然后再对特征词的频率信息进行统计，最终建立文档的倒排索引，并以特定的数据结构和二进制的形式存储在服务器中，以适应对海量信息进行存储和快速检索的要求。

在提取特征词时，ChemEngine 的索引器首先对网页的字符集进行判断，并对不同语言编码的网页，采用不同的方式提取特征词，如英文以空格进行分割提取，中文就以单字进行提取。然后，基于化学化工专业词典，来匹配文档中的中英文专业词汇，并在过滤掉停用词后，形成最终的特征词集合。这样就可以比较准确地提取和反映文档中的主要内容。

在对倒排索引进行存储时，为了准确存储各种语言的文档，ChemEngine 使用 Unicode[140] 的编码方式，使得 ChemEngine 可以实现多语言的索引和检索。具体的倒排索引结构如图 3.2 所示。从图中可以看出倒排索引中不仅包含了词条的文档频率和词条在每个文档中的出现频率，还包含了词条在文档中每次出现的位置信息。同时，在倒排索引中，词条按照词条的 ID 号、每个词条出现的不同文档按照文档的 ID 号、每个文档中词条出现的位置按照出现的顺序都分别进行了排序。这样，倒排索引库就使检索模块可以快速获取详细的索引信息，使搜索引擎可以为用户提供准确快捷的检索服务。

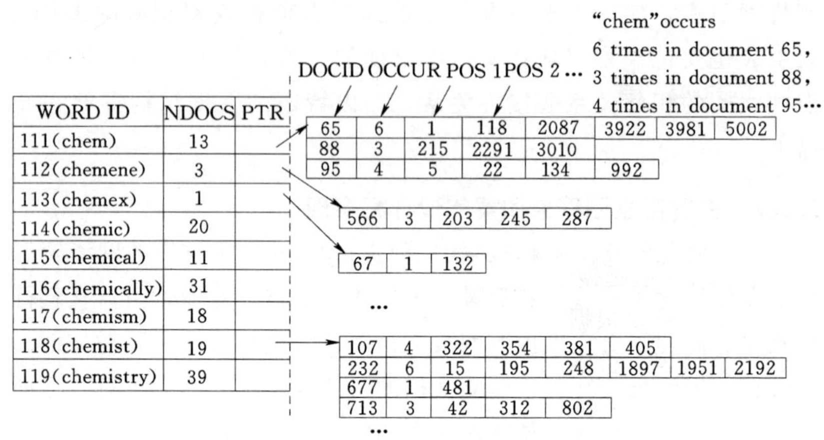

图 3.2　ChemEngine 的倒排索引结构

Fig. 3.2　The structure of the inverted indices in ChemEngine

3.3　本章小结

信息收集和索引是搜索引擎的基础和重要组成部分，使搜索引擎可以根据提供的种子 URL，自动从互联网中收集网页信息，并存储到数据库中。

本章介绍了主题搜索引擎中对信息进行收集和索引的策略，并对化学化工主题搜索引擎 ChemEngine 中专业化爬行器和专业性索引器的具体实现策略进行了阐述。根据初始的 URL 列表，在化学化工专业知识库和词典的基础上，对收集的网页进行筛选、收集和索引，建立专业化的网页库和倒排索引库，使得化学化工主题搜索引擎能专注于收集和索引与化学化工相关的网页信息，为提供专业化的检索结果奠定基础。

第4章　Internet主题搜索引擎的检索和排序

Internet主题搜索引擎的检索和排序模块实现搜索引擎的基本检索功能，可以根据用户提交的查询条件，返回给用户相关的检索结果文档列表。检索和排序模块是搜索引擎系统的重要组成部分，也是进一步实现专业化检索和个性化检索的基础。

4.1　基于倒排索引的关键词检索

通过对信息检索领域中几种主要的检索方式的研究，如本书1.3.3.3节中所述，基于倒排索引的检索方式，具备检索速度快、可以快速得到文档和查询的相关度等优点，因此，在Internet化学化工主题搜索引擎ChemEngine中，采用这种检索方式进行用户查询的检索。

4.1.1　检索策略

为了实现基于倒排索引的关键词检索，主要需考虑三个方面，即包括如何获取用户查询、如何基于倒排索引检索到相关文档以及如何获取相关文档的查询相关度权值。通过参考一个遵照GNU协议的通用搜索引擎系统Aspseek[142]的实现机制，对ChemEngine的检索框架进行设计，如图4.1所示。

ChemEngine运行在Linux服务器上，为了给用户提供灵活的检索界面，本书使用PHP网络编程语言来编写动态的网页界面，并使用PHP来获取用户提交的查询条件以及将搜索引擎的检索结果返回给用户。而服务器后台的处理程序考虑到系统运行的速度和效率，采用C++编程语言进行编写。为了在PHP编写的前端程

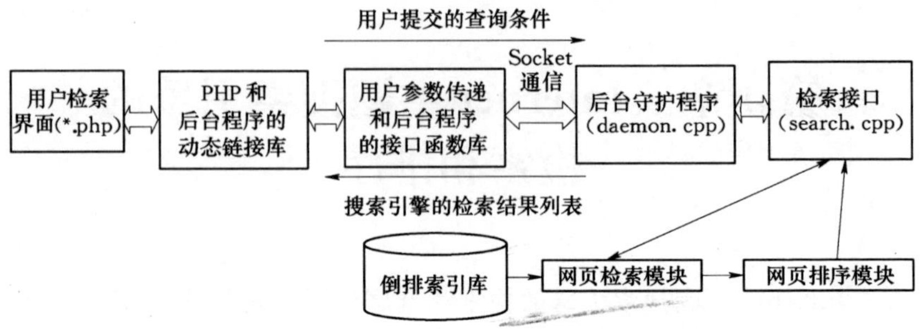

图 4.1　ChemEngine 的检索框架图

Fig. 4.1　The retrieval framework in ChemEngine

序和后台的处理程序之间进行通信和参数传递，使用 PHP 的扩展功能，通过一个动态链接库（Linux 下为 . so 文件），将用 PHP 和 C＋＋两种语言编写的程序“粘合”在一起。

然后，通过使用 C＋＋定义的一系列的接口函数库，来接收 PHP 程序传递的用户参数，以及将这些参数传递给相关的后台程序，并将后台程序返回的检索结果进行包装，再传递给 PHP 程序。

ChemEngine 使用一个后台守护程序（daemon. cpp），使搜索引擎能够实时不间断地接收和处理用户的查询。后台守护程序通过启动一个后台守护进程，并建立 Socket 连接，来随时监听用户查询。在监听到用户查询后，将获取的用户查询信息提交给检索接口（search. cpp）进行处理，然后将收到的检索结果再传递给接口函数库返回给用户。同时，为了处理用户的并发查询，后台守护程序使用多线程的技术，使得每个用户查询都对应一个独立的线程，来提高用户的查询效率。

检索接口在收到后台守护程序传递的用户查询后，调用网页检索模块，从网页的倒排索引库中检索到相关的网页及其相关度权值，并将这些信息返回给网页排序模块进行排序后，得到最终的检索结果列表。

网页检索模块在收到用户的查询条件后，首先对用户查询进行处理和解析，即匹配化学化工专业词典、去除停用词和无关符号等，来得到用于检索索引库的特征词条。如果经过处理后用户查询为空，则将相应的提示返回给检索接口。如果用户查询不为空，就根据得到的特征词条从网页的倒排索引库中检索相关的网页，此时，如果检索不到相关网页，即用户的检索词并没有在倒排索引中存在，则将相应的提示返回给检索接口；如果检索到相关的网页，就根据倒排索引中存在的信息计算网页和用户查询的相关度，然后将这些相关网页及其查询相关度提交给排序模块进行排序后，再返回给检索接口。

网页检索模块在计算网页和用户查询的相关度时，要根据用户输入的不同的检索条件，进行不同的处理。具体实现方式在下一节中进行说明。

4.1.2 检索的基本功能和实现

为了给用户提供更灵活方便的检索功能，Internet 化学化工主题搜索引擎除了使用户可以通过单个查询词进行检索外，还提供布尔逻辑检索和精确的词组检索等功能。

布尔逻辑检索包括与（AND）、或（OR）、非（NOT）三种逻辑检索方式，用户可以通过使用这三种方式，将多个查询词根据自己的需求组合起来联合进行检索。而词组检索则是用户可以通过输入一个词组或一句话作为查询条件，来使搜索引擎只把含有完整准确的查询字符串的文档返回给用户，实现比较准确的信息检索。

根据倒排索引的结构，在 ChemEngine 中，网页与用户查询的相关度权值用两个字节、16 位的二进制无符号整型值来表示，如表 4.1 所示。

如果用户输入单个的查询词进行检索，检索模块首先从倒排索引库中找到含有这个词的所有网页，然后读取这些网页中该词出现的频率和位置，并根据这些信息来计算网页与查询词之间的相关度权值。网页相关度权值的 16 位中，第 1 位是词形匹配标志位，2～

表 4.1　ChemEngine 中网页和用户查询的相关度权值

Table 4.1　The query relevance weights of Web pages in ChemEngine

<table>
<tr><td rowspan="2">检索方式</td><td colspan="9">网页和用户查询的相关度权值（16 位整型值）</td></tr>
<tr><td colspan="2">1</td><td colspan="2">2</td><td>3</td><td colspan="2">4</td><td>5</td><td>6～16</td></tr>
<tr><td rowspan="5">单个关键词检索</td><td colspan="2">词形匹配标志位</td><td colspan="3">重要性标志位</td><td colspan="4">位置标志位</td></tr>
<tr><td rowspan="2">原有词形匹配</td><td rowspan="2">1</td><td rowspan="4">查询词在网页的位置</td><td>Title</td><td>11</td><td rowspan="4" colspan="4">网页中距离 Title 最近的查询词的位置信息取反的后 13 位</td></tr>
<tr><td>Keywords</td><td>10</td></tr>
<tr><td rowspan="2">其他词形匹配</td><td rowspan="2">0</td><td>Description</td><td>01</td></tr>
<tr><td>Other</td><td>00</td></tr>
<tr><td rowspan="5">AND 逻辑检索</td><td colspan="2" rowspan="5">同单个关键词检索</td><td colspan="3" rowspan="5">同单个关键词检索</td><td colspan="3">匹配标志位</td><td>位置标志位</td></tr>
<tr><td rowspan="4">最大匹配子串长度</td><td>全部匹配</td><td>11</td><td rowspan="4">网页中距离 Title 最近的查询词的位置信息取反的后 11 位</td></tr>
<tr><td>匹配 2 个以上词</td><td>10</td></tr>
<tr><td>匹配 1 个词</td><td>01</td></tr>
<tr><td>没有匹配</td><td>00</td></tr>
<tr><td>OR 逻辑检索</td><td colspan="2">同单个关键词检索</td><td colspan="3">同单个关键词检索</td><td colspan="4">网页中距离 Title 最近的查询词的位置信息取反的后 13 位</td></tr>
<tr><td>NOT 逻辑检索</td><td colspan="2">同单个关键词检索</td><td colspan="3">同单个关键词检索</td><td colspan="4">类似 AND 逻辑检索
（将含有 NOT 查询词的网页从返回结果中删去）</td></tr>
<tr><td rowspan="2">词组检索</td><td colspan="2" rowspan="2">1</td><td colspan="3" rowspan="2">同单个关键词检索</td><td colspan="3">匹配标志位</td><td>位置标志位</td></tr>
<tr><td colspan="3">11</td><td>网页中距离 Title 最近的查询词组第一个词的位置信息取反的后 11 位</td></tr>
</table>

3 位是重要性标志位，4～16 位是位置标志位。

词形匹配标志位只对英文有效。对于英文来说，一个词可以根据其词根用特定的词法规则推导出与该词意义一致但词形不同的其他单词，搜索引擎可以通过这种方法来扩充用户的查询语义，获取更多满足用户查询条件的信息。如果网页是根据原有的单词匹配到的，则相关度的第 1 位为 1；如果是以原有词的其他形态匹配到的网页则设置为 0。这样可以使得精确匹配的网页的相关度较大。对中文来说，词形匹配标志位都设为 1。而且，在实际的应用中，由于返回的文档通常比较多，一般只根据查询词本身进行检索，并不对词的其他词形进行检索，在这种情况下相关度的词形匹配标志位都设为 1。

相关度权值的重要性标志位由 2 位组成，可以表示 4 种状态。如果查询词在网页的 Title 中出现，就设为 11；在 Keywords 中出现设为 10；在 Description 中出现设为 01；在其他位置出现都设为 00。这样，通过分析网页的编写者对网页的描述来获取查询词在网页中的重要性。在倒排索引中，词在文档中的位置信息是由 16 位的整型值表示的，其中前 14 位表示词在文档中的绝对位置，后 2 位表示词在网页中的特定位置出现的信息，具体规定与相关度权值的重要性标志位相同。因此，从词的位置信息，检索模块可以直接获取相关度权值的重要性标志位。

相关度权值的位置标志位由 13 位组成，是由在网页中距离 Title 最近的查询词的位置信息来决定的。倒排索引中，词在文档中出现的位置信息是按照从小到大的顺序排好序的，因此，检索模块可以快速得到词在网页中距离 Title 最近的位置信息，然后将这个位置信息取反后取后 13 位即可。这样，就可以将文档中位置最好的查询词的信息在该文档与查询词的相关度中有所体现，查询词离 Title 越近，该网页与查询词的相关度就越大。

将这 3 种标志位按照顺序整合在一起，就构成了一个完整的网页与查询词的相关度权值。

对于多个查询词的布尔逻辑检索和词组检索，检索模块首先分别根据这些查询词检索到相关的网页，然后，将这些网页信息根据相关的规则整合在一起，来计算网页的相关度权值。

对于 AND 逻辑检索来说，相关网页同时包含有多个查询词，首先需要将网页的索引信息进行合并。网页的相关度权值与单个关键词检索不同的是，第 4、第 5 位是匹配标志位，表示多个查询词在网页中的最大匹配相邻子串的查询词个数，如果全部匹配为 11，匹配 2 个以上词为 10，匹配一个以上词为 01，没有匹配到为 00。这样可以使多个查询词相邻出现的网页优先排序。第 6～16 位是位置标志位，取出该网页中距离 Title 最近的那个查询词的位置信息，然后取反后取后第 11 位作为位置信息。其余位的表示与单个关键词检索一致。

OR 逻辑检索中，每个网页至少包含一个用户输入的查询词，因此也需要先将网页的索引信息进行合并。相关度权值的计算方法基本与单个关键词检索一致，只是其位置标志位取自网页中距离 Title 最近的那个查询词的位置信息。通常情况下，使用 OR 逻辑检索要比 AND 检索得到更多的返回结果。

NOT 逻辑检索允许用户可以在返回结果中除去含有某些词的网页，因此，在计算相关度权值之前，从检索到的网页中除去那些包含有 NOT 查询词的网页。相关度权值的计算方法与 AND 逻辑查询相似。

词组检索相当于更为准确的 AND 逻辑检索，它只将完整连续匹配到输入的查询字符串的网页返回给用户。其相关度权值计算与 AND 逻辑查询相似，只是词形标志位为准确匹配 1，匹配标志位为全部子串匹配 11，而位置标志位取自网页中距离 Title 最近的查询词组的第一个词的位置信息。

单个关键词检索、布尔逻辑检索以及词组检索的相关度权重的表示和计算方法综合表示在表 4.1 中。

4.2　基于网络链接结构的网页评价和排序

基于倒排索引的关键词检索获得的网页相关度只是取决于网页的内容以及查询词在网页中的位置，没有考虑到网页本身的质量。通过前面章节的阐述，可知根据网页之间的链接结构可以对网页的质量进行评价，即得到网页的重要性权值。将网页的查询相关度和重要性结合在一起，可以为用户提供更好的结果排序。

4.2.1　PageRank 算法的实现

Internet 化学化工主题搜索引擎 ChemEngine 中，使用 Google 的 PageRank 算法来计算网页的链接重要性。

根据第 1 章介绍的 PageRank 算法和计算公式：

$$W_j = (1-d) + d\sum_{i=1, i\neq j}^{N} l_{i,j}\frac{W_i}{n_i}$$

将阻尼因子 d 按照常规取为 0.85[143]，然后根据网页之间的链接关系，递归地使用以上公式，来得到网页的重要性权值。

递归处理的迭代次数由具体情况决定。本书使用 ChemEngine 索引的网页（约 16M），将迭代次数设为 100，对 PageRank 算法进行测试。测试结果发现网页的重要性权值在一定程度上受到迭代次数的影响，并在迭代次数大于某个值后基本上趋于稳定，只有少许网页的重要性权值会发生轻微变化。表 4.2 列出了测试中 PageRank 值最高的 10 个网页在不同迭代次数下的重要性权值，可以看出重要性权值在迭代次数大于 20 后就趋于稳定，而且这些网页根据重要性权值进行排序的位置基本保持不变。Google 公司的研究结果表明，当网页数和网页间的链接关系增多时，需要更大的迭代次数来得到稳定的网页重要性权值[85]。因此在 ChemEngine 中，根据网页的链接关系使用 PageRank 公式迭代处理 100 次，来获取最终的网页重要性权值。

表 4.2　PageRank 算法中迭代次数对网页重要性权值的影响

Table 4.2　Effect of iterate number on the link weights in PageRank algorithm

网页	迭代次数						
	1	5	10	15	20	25	30
1	1520.581	1520.564	1520.561	1520.56	1520.56	1520.56	1520.56
2	672.199	672.145	672.136	672.135	672.135	672.135	672.135
3	644.513	644.421	644.394	644.388	644.387	644.387	644.387
4	634.01	633.991	633.987	633.986	633.986	633.986	633.986
5	570.141	570.122	570.117	570.116	570.116	570.116	570.116
6	521.13	521.118	521.115	521.114	521.114	521.114	521.114
7	520.752	520.74	520.737	520.736	520.736	520.736	520.736
8	520.672	520.659	520.656	520.656	520.656	520.656	520.656
9	444.161	444.119	444.108	444.105	444.105	444.105	444.105
10	443.117	443.078	443.068	443.065	443.065	443.065	443.065

根据 PageRank 算法计算得到的网页重要性权值是一个大于 0.15 的浮点值。为了便于与检索得到的网页查询相关度进行整合，本书使用下式将网页的链接重要性权值转换为一个整型值：

$$LinkW_i = Int[\lg(W_i \times 10) \times LinkValue] \qquad (4.1)$$

式中：$LinkW_i$ 表示网页 i 的链接重要性权值，它是一个整型值；W_i 表示使用 PageRank 计算出的网页 i 的重要性权值；$LinkValue$ 表示用来调整链接重要性权值的参数，这里取为 2000。这样就可以把 PageRank 计算得到的浮点值转换为一个整数。

最终得到的网页链接重要性权值使用 16 位二进制无符号整型值来表示，并按照网页的 ID 号进行排序后，以固定的格式进行存储。

4.2.2　基本排序方法

当网页检索模块将与用户查询相关的网页及其相关性传递给网

页排序模块后，排序模块从存储的网页重要性信息中，获取相关文档的链接重要性权值，然后将网页的相关性权值和重要性权值相结合，生成一个 32 位的最终权值，并根据这个权值对相关网页进行排序后，返回给检索接口，如图 4.2 所示。

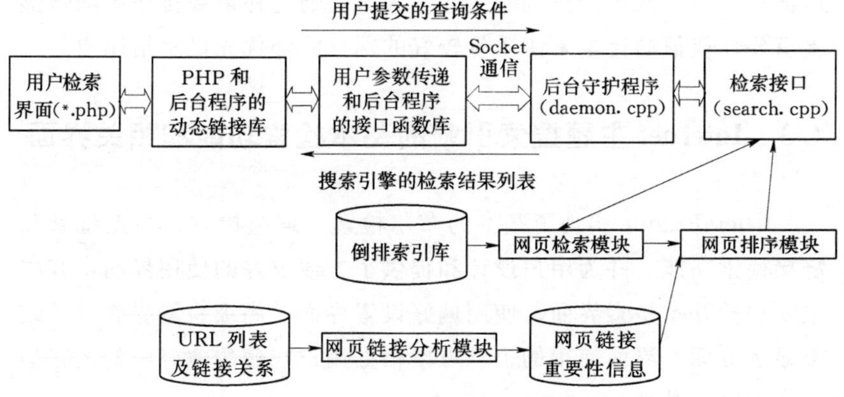

图 4.2 ChemEngine 的检索和排序框架图

Fig. 4.2 The retrieval and ranking framework in ChemEngine

网页最终权值的计算方法如下式所示：

$$FinalW=\begin{cases}(QueryW\ll 16)+LinkW & (QueryW\&0x6000\neq 0)\\((QueryW\&0xF800)\ll 16)+LinkW\ll 11 & (QueryW\&0x6000=0)\end{cases}\tag{4.2}$$

式中：$FinalW$ 代表最终的网页权值；$QueryW$ 代表网页与用户查询的相关度权值；$LinkW$ 代表网页的链接重要性权值。通过这种方法，可以快速根据网页的链接重要性权值和查询相关度权值得到最终的网页权值。

如式（4.2）中所表示的那样，在计算网页的最终权值之前，首先判断查询相关度权值的第 2、第 3 位，即重要性标志位，是否为 0，然后进行计算。如果重要性标志位不为 0，就说明用户查询词在网页中的地位比较重要，表达了网页内容的主要信息，这时就将相关度权值左移 16 位再与重要性权值相加，来得到网页的最终权值；如果重要性标志位为 0，说明查询词在网页中不处于重要地位，这时只取相关度权值的前 5 位再左移 16 位，然后重要性权值左移 11 位来填补到相关度权值的空缺处，得到网页的最终权值，这样就可以在网页的查询相关性不大时，通过在最终排序中加强链接重要性权值的比重来使质量较好的网页能够优先显示给用户。

4.3 Internet 主题搜索引擎的基本检索功能和相关界面

ChemEngine 实现了基本的布尔检索、词组检索、站点检索和链接检索功能，并为用户设计和提供了方便友好的使用界面，其中主要包括基本检索界面、使用偏好设置界面、高级检索界面以及结果显示界面。界面使用的语言可以根据用户在使用偏好中的设置显示为中文或英文。

4.3.1 基本检索

ChemEngine 提供布尔检索、词组检索、站点检索和链接检索等各种检索功能。用户可以通过在基本检索界面中提交查询条件来进行检索。基本检索界面主要用来获取用户提交的查询条件，并提供用户注册登录、设置使用偏好、使用高级检索的入口，以及提供指向相关网页的链接等，如图 4.3 所示。

基本检索界面的主要功能是通过一个文本框获取用户查询条件，并将查询条件传递到后台处理程序。用户提交的查询条件不仅可以是单个查询词，也可以是符合查询语法规则的布尔检索、词组检索、站点检索或者链接检索等查询条件，具体的语法规则参见附录 D。这些查询条件也可以通过高级检索界面提交。

4.3.2 使用偏好设置

ChemEngine 是一个中英文搜索引擎，用户可以通过使用偏好设置界面（图 4.4），根据自己的喜好来设置 ChemEngine 中的界

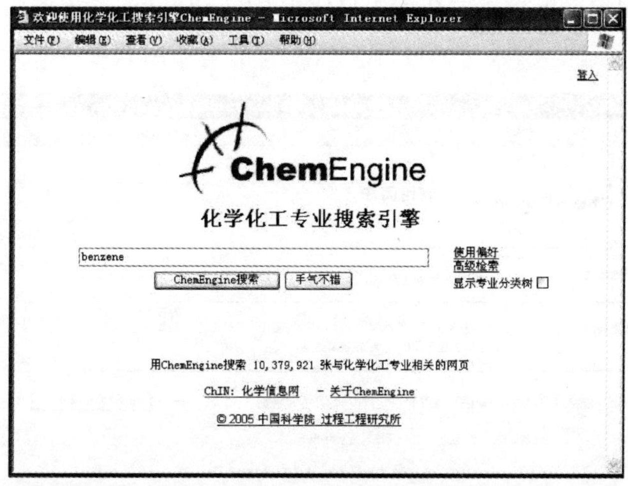

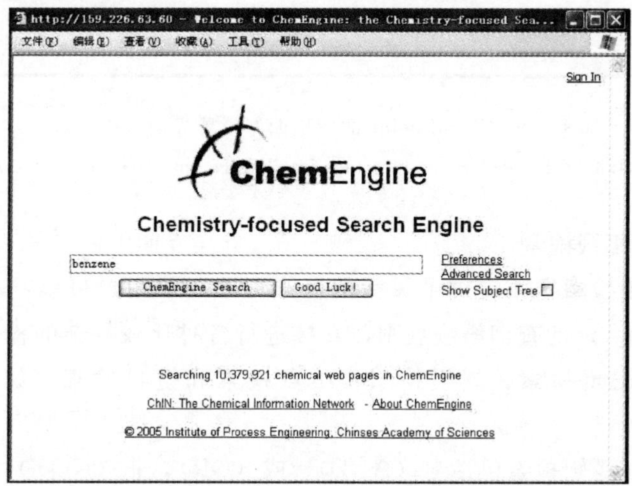

图 4.3 ChemEngine 的基本检索界面（中英文）
Fig. 4.3 The basic search interface in ChemEngine (Chinese or English version)

面语言，也可以设置在检索结果界面中每页显示的结果数量。用户使用偏好的设置是通过一个偏好设置程序来实现的。这个偏好设置程序通过改变用户客户端的相应 Cookie 值来存储使用偏好，这样用户使用偏好的设置就在该用户使用 ChemEngine 系统的整个过程中适用。

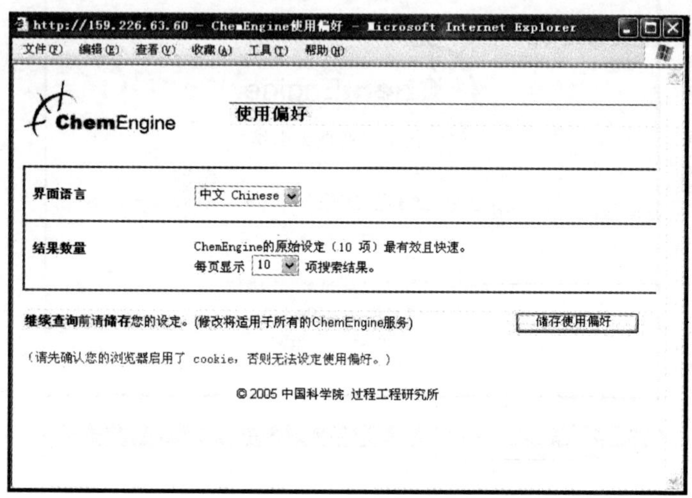

图 4.4　ChemEngine 的使用偏好设置界面（中文）

Fig. 4.4　The preference interface in ChemEngine (Chinese version)

4.3.3　高级检索

高级检索界面提供了灵活的检索方式，使用户可以不必了解 ChemEngine 的查询语法规则，直接进行各种比较复杂的检索，包括布尔逻辑检索、词组检索、站点检索和链接检索，如图 4.5 所示。

布尔逻辑检索包括与（AND）、或（OR）、非（NOT）三种逻辑检索方式，用户通过布尔逻辑检索，可以将多个查询词组合起来联合进行检索，来更好地表达自己的信息需求，得到更好的检索结果。ChemEngine 对于布尔逻辑检索的实现方式见 4.1.2 节中所述。通常情况下，AND 逻辑检索可以得到比较准确的检索结果；OR 逻辑检索可以用来扩展搜索范围；NOT 逻辑检索可以用来将不感兴趣的网页从结果中过滤掉。

图 4.5 ChemEngine 的高级检索界面（中文）

Fig. 4.5 The advanced search interface in ChemEngine (Chinese version)

词组检索使用户可以将一个词组或一句话作为查询条件，来实现更精确的信息检索。词组检索时，搜索引擎只把含有完整查询字符串的文档返回给用户，具体的实现方法见 4.1.2 节中所述。

站点检索使用户可以将搜索范围限制在某个网站或某个域名内进行检索，可以只将特定范围内的相关信息返回给用户。站点检索有两种方式：一种是将搜索范围锁定在某个网站或网域内；另一种是从搜索范围中排除掉某一网站或网域的网页。ChemEngine 中站点检索的实现，是通过在检索模块的检索结果中，结合网页的站点信息和域名信息，对结果网页进行过滤来完成的。

链接检索，又称后链检索（Back link search)，是指对链接到某个网站的链接网页进行检索。通过链接检索可以得到网站的后链信息，从而比较客观地评价该网站的质量。ChemEngine 中的链接检索是通过分析网页之间的相互链接信息来实现的。

4.3.4　结果显示

用户提交查询条件后，ChemEngine 将检索结果和相应的提示信息通过结果显示界面显示给用户，如图 4.6 所示。

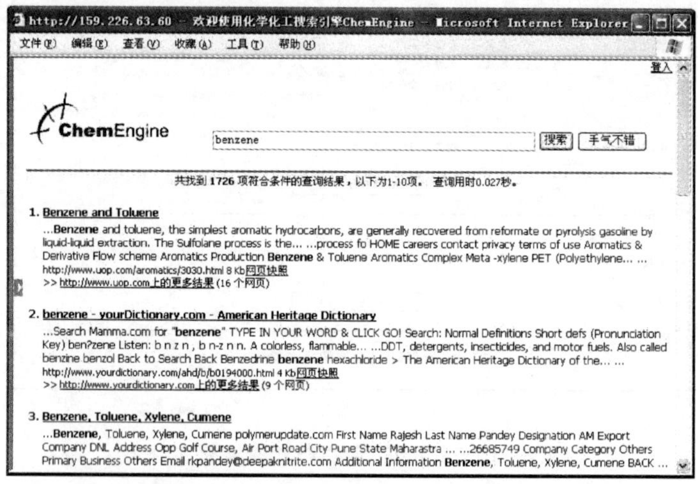

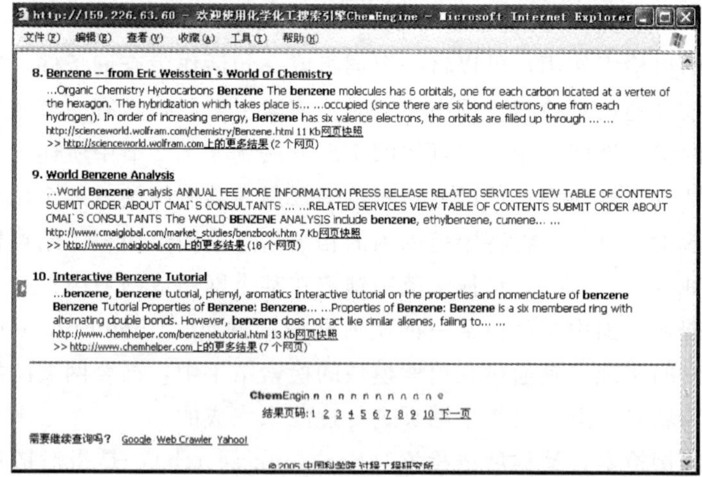

图 4.6　Internet 化学化工主题搜索引擎的结果显示界面（中文）

Fig. 4.6　The search result interface in ChemEngine (Chinese version)

在结果显示界面中，ChemEngine 显示给用户的检索结果包括检索结果的统计信息、查询所用的时间以及一定数量（用户使用偏好的相关设置）的检索结果信息。用户可以通过分页浏览，来查看全部的检索结果。

如果返回结果中含有多个网站的网页，在某个网站中又检索到很多个相关网页，就会出现某个网站的很多网页信息都占据在检索结果列表前面的情况。因此，ChemEngine 对检索结果进行了站点聚类，也就是将属于同一站点的网页结果进行聚合，在检索结果列表中只将该网站中排序最靠前的网页显示给用户，从而使检索结果更合理，使用户可以在短时间内浏览到来自不同网站的相关资源。这个站点中的其他相关信息，用户可以通过点击结果列表中的相关链接来获取。同时，站点聚类的结果中，还给出了聚类站点中符合查询的所有网页的统计信息。ChemEngine 的站点聚类功能，是通过将检索模块返回的检索结果根据网页的站点信息进行聚类来实现的。

在结果列表中，ChemEngine 除了提供相关网页的 Title、URL 和文件大小等信息外，还提供了网页的自动摘要，将网页中与用户查询相关的内容显示给用户，使用户可以在浏览结果时对网页的资源概貌就有一个初步的了解，并据此来判断是否要进一步浏览该网页。自动摘要的功能，是通过分析查询词在网页中的位置信息来实现的。

当用户需要进一步浏览结果网页时，可能由于网页所属服务器的问题而连接不上，或者由于网页更新问题而找不到该网页，这时用户可以使用 ChemEngine 提供的网页快照功能，来方便地获取该网页的完整信息。当用户要获取某个网页快照时，ChemEngine 首先根据网页的 URL 来获取网页在 ChemEngine 中的 ID 号，然后根据这个网页的 ID 号，从 ChemEngine 的网页库找到这个网页的备份并进行解压处理后，将网页显示给用户。

由于用户在一定时期内的查询兴趣有趋同性[19]，当前用户输入的查询条件可能在不久前由自己或者别人检索过。ChemEngine 基于这一点来实现结果缓存的功能，即将近期内一定数目的用户查询条件和对应的检索结果进行缓存。这样，当用户的查询条件和缓存的查询条件相同时，搜索引擎就可以直接从缓存中获取相关的检索结果，从而缩短用户检索的时间，提高用户的检索效率。

用户在使用 ChemEngine 的过程中可能对检索结果不满意，因此 ChemEngine 提供了相应的链接，可以将用户当前的查询条件按照一定的规则进行包装，传递给其他的搜索引擎，如 Google[3]，Web Crawler[144]，Yahoo![7]等，并将相应的检索结果直接显示给用户。

4.4　本章小结

检索是搜索引擎的基本功能，使搜索引擎可以根据用户提交的查询条件检索到相关的网页信息，同时得到网页与用户查询的相关度权值。而基于链接结构分析的网页排序可以在网页的查询相关度的基础上，结合网页在网络链接关系中的重要性权值，为用户提供更好的检索结果排序。

本章介绍了 ChemEngine 中检索功能的具体实现策略和网页与用户查询的相关度权值的具体表示和计算方法、网页链接结构分析中使用 PageRank 技术来计算网页的链接重要性权值的实现方法、以及将网页的查询相关度权值与链接重要性权值结合在一起，生成网页的最终排序权值的计算方法。

最后对 ChemEngine 提供的主要检索功能和相应的用户界面进行了介绍，包括界面展示、功能描述及其相关实现策略。

第5章　专业信息的自动分类

虽然专业搜索引擎通常只会将与用户查询相关的专业信息返回给用户，可是返回的检索结果仍然可能很多，从大量的结果文档中筛选出有用的信息，对用户来说会是一个沉重的负担。因此，主题搜索引擎通过对索引的资源进行预先分类，力图通过为用户提供检索结果的分类信息，来提高用户检索的效率。基于学科分类体系对专业资源进行自动分类，也是 Internet 主题搜索引擎实现专业化检索的重要方式。

5.1　自动分类算法的研究

文本的自动分类，就是基于某种已知的分类体系，根据某种算法，自动地将文档进行归类。自动分类采用的分类体系可以是并列结构的类别体系，也可以是层次结构的类别体系。根据分类体系和对象的不同，自动分类问题可以分为三种模式：

(1) 二类问题 (Binary)：这种模式下，分类体系中只有一个类或者两个类，分类的任务就是判断文档是否属于这个类别，或者属于两类中的哪个类。因此给予待分类文档的分类结果只有两个值。在前面所述的 Internet 化学化工主题搜索引擎的专业爬行器中，所面临的问题就是二类问题，爬行器中使用的分类器只需判断抓取的网页是否属于化学化工这一类即可。

(2) 多类问题 (Multi-class)：这种情况下的分类体系中含有两个以上的类别，即有 N 个类 ($N>2$)，自动分类的任务是将待分类文档分配到 N 个类别中的一个中去，分类的结果有 N 个可能的值。

(3) 多重多类问题（Multi-label and multi-class）：这种问题中，分类体系含有 N 个类（$N>2$），自动分类可以将待分类的文档分配到这 N 个类别中的 M 个类别（$M \leqslant N$）中去。对于 Internet 化学化工主题搜索引擎的自动分类任务来说，由于索引的网络资源可以分配到化学学科分类体系中的若干个类别中去，因此属于多重多类的自动分类问题。

目前，有多种自动分类算法。这些算法可以分为两大类[45]，一种是积极学习（Eager-learning）型分类方法，如 Rocchio 法、神经网络（Neural Network）、简单贝叶斯（Naïve Bayes）、支持向量机（Support Vector Machines）等，这些分类方法都是首先根据已知分类的训练集建立某种参数模型，再使用这些模型对未知分类的文档进行分类；另一种是消极学习（Lazy-learning）型分类方法，如最近 k 邻居法（k-Nearest Neighbor）等，这些方法并不提前建立符合训练集的模型，而是针对特定的待分类文档，直接基于训练集进行分类。

下面介绍几种比较有代表性的文本分类算法，并对它们的性能进行分析比较。

5.1.1　自动分类算法

5.1.1.1　Rocchio 算法

Rocchio 算法[22]是信息检索领域比较经典的一种分类方法。在这种算法中，首先根据训练集中的文档为每个类别建立原型向量，然后通过计算待分类文档与每个类别的原型向量之间的距离来进行分类，距离最近的类别即为待分类文档所属的类别。

Rocchio 算法中，每个类别的原型向量是通过计算训练集中文档的平均向量来得到的，计算方法如下式所示：

$$\mathbf{c} = \frac{\sum_{d \in c} \mathbf{d}}{n_c} - \gamma \frac{\sum_{d \notin c} \mathbf{d}}{n - n_c} \tag{5.1}$$

式中：$\mathbf{c}$ 代表类别 c 的原型向量；$\mathbf{d}$ 代表训练集文档 d 的向量；n

代表训练集中的文档总数；n_c 代表训练集中属于类别 c 的文档总数；γ 是权重参数。如果将 γ 设为 0，则 Rocchio 算法就转换为中心向量法，类别的原型向量只需根据训练集中属于这个类别的文档的平均向量来得到。

待分类文档的向量和每个类别的原型向量之间的距离，可以使用向量之间的内积，或者两个向量之间夹角的余弦值来计算。

由此可见，Rocchio 算法是一种计算量比较小、速度比较快的方法，而且可以用来处理多重多类的分类问题。

5.1.1.2 简单贝叶斯法

简单贝叶斯法[45]是基于特征词分布的条件独立性假设，从贝叶斯法则中推导出来的自动分类方法。这种方法根据待分类文档所含的特征词在某个类别中出现的概率等统计信息，来估计该文档属于该类别的概率。

根据贝叶斯法则，可以用下式来计算文档 d 属于类别 c_j 的概率：

$$P(c_j|d)=\frac{P(c_j)P(d|c_j)}{P(d)} \tag{5.2}$$

式中：$P(c_j)$ 表示类别 c_j 的出现概率；$P(d \mid c_j)$ 表示文档 d 在类别 c_j 中出现的概率；$P(d)$ 表示文档 d 的出现概率。上式中的分母部分，由于对文档属于不同类别的概率计算没有影响，所以通常忽略不计。

如果假设在既定类别的条件下，特征词在一篇文档中出现的概率是相互独立的，那么，就可以使用下式来计算文档 d 属于类别 c_j 的概率，这就是所谓的简单贝叶斯法：

$$P(c_j \mid d) = P(c_j)\prod_{i=1}^{M} P(d_i \mid c_j) \tag{5.3}$$

式中：M 代表文档 d 中包含的特征词数；d_i 表示文档 d 的第 i 个特征词；$P(d_i \mid c_j)$ 表示特征词 d_i 在类别 c_j 中出现的概率。类别 c_j 的出现概率可以用属于 c_j 的训练文档数占训练集文档总数的比例来估算，如下式所示：

$$P(c_j) \approx \frac{1+N_j}{C+N} \tag{5.4}$$

式中：N_j 代表属于类别 c_j 的训练文档数；N 代表训练集中的文档总数；C 代表类别体系中的类别总数。

特征词 d_i 在类别 c_j 中出现的概率，可以用下式估算得到：

$$P(d_i \mid c_j) \approx \frac{1+N_{ij}}{M+\sum_{k=1}^{M} N_{kj}} \tag{5.5}$$

式中：N_{ij} 代表包含有特征词 i 并属于类别 j 的文档数；M 代表文档 d 中包含的特征词数。

尽管特征词在文档中的分布具有一定的规律性[37]，并不符合简单贝叶斯的条件独立性假设，但是在实际的文本分类应用中，简单贝叶斯法却表现出良好的分类性能。这种方法同样可以用来处理多重多类的分类问题。

5.1.1.3　支持向量机法

支持向量机法（SVM，Support Vector Machines）是较新的一种自动分类方法，它在文本分类的很多应用中都显示出较好的性能[95,145]。支持向量机法首先通过训练集进行训练，找到能够将两类文档进行分割的最优分类面，然后基于这个最优分类面来对未知文档进行分类。因此，支持向量机法主要应用于二分的分类问题。通过对不同的类别分别建模的方法进行扩展，SVM 法也可以用于解决多类分类问题。

如图 5.1 所示，在由特征词构成的高维向量空间中，支持向量机首先对已经有分类信息的线性可分的训练样本进行训练，并从中找出能够对两类样本进行最优分割的分类面，该分类面可以表示为：

$$w \cdot \mathbf{x}+b=0 \tag{5.6}$$

式中：$\mathbf{x}$ 代表一个 n 维的向量，最优分类超平面 H(Optimal Hyperplane) 就是使 $\| w \|^2$ 最小的那个分类面。经过两类样本中距离最

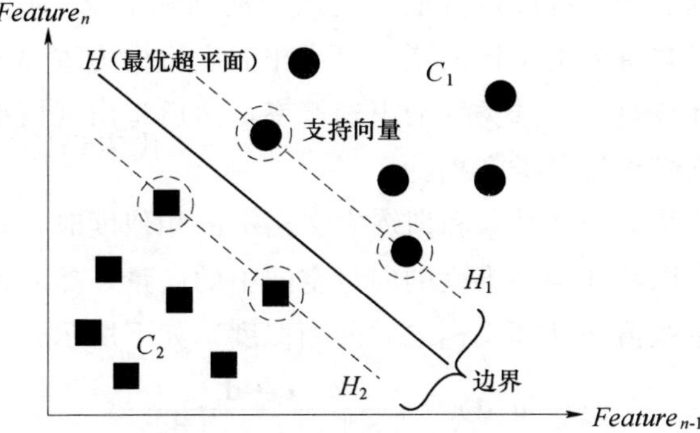

图 5.1 支持向量机

Fig. 5.1 Support Vector Machines

优分类面最近的样本，而且与最优分类线平行的两个超平面 H_1，H_2 之间的距离（或称之为边界）可以表示为：

$$\text{Margin}=\frac{2}{\| w \|} \tag{5.7}$$

位于 H_1 和 H_2 超平面上的训练样本则为支持向量（Support Vector）。

根据这个最优超平面以及相应的支持向量，支持向量机可以为待分类的文档进行分类。

支持向量机虽然在分类时可以表现出比较好的性能，但其训练时所需的计算量比较大，需要比较复杂的参数设置，而且在用于处理多重多类的分类问题时必须对每个类别分别建模，然后再基于这些模型轮流对未知文档进行分类，使得分类的复杂度更大。

5.1.1.4 最近 k 邻居法

最近 k 邻居法[22,94,103]，即 kNN 法，是一种消极的分类方法，不需要在分类前进行训练。当对一篇待分类文档 q 进行分类时，该算法首先从训练集中找到与该文档最相似的 k 个邻居，使用这 k 个邻居的类别作为候选类别。然后，根据候选类别在这 k 个邻居中的出现概率来决定待分类文档的所属类别。

这种算法的一种改进方法是使用距离加权的 kNN 算法，即利用 k 个邻居与待分类文档的距离（或相似度）作为该邻居所属类别的权重来计算每个候选类别的出现概率，然后将出现概率超过某一阈值的类别赋予待分类文档。

在计算待分类文档 q 和训练集文档 d 的相似度时，首先将所有文档表示为以特征词为维度的向量空间中的向量，然后使用向量之间夹角的余弦值来计算文档之间的相似度，如下所示：

$$\cos(\mathbf{q},\mathbf{d})=\frac{\mathbf{q}\cdot\mathbf{d}}{\|\mathbf{q}\| \times \|\mathbf{d}\|} \tag{5.8}$$

式中：$\mathbf{q}$ 和 $\mathbf{d}$ 分别为待分类文档和训练集中某篇文档的向量表示。

对于待分类文档 q，候选类别 c 在其最近 k 个邻居中的出现概率用如下公式进行计算：

$$P_c(q)=\frac{\sum\limits_{i\in k, y_i=c}\cos(\mathbf{q},\mathbf{d}_i)}{\sum\limits_{i\in k}\cos(\mathbf{q},\mathbf{d}_i)} \tag{5.9}$$

式中：$P_c(q)$ 表示待分类文档 q 的候选类别 c 在其 k 个邻居中出现的概率；$\mathbf{d}_i$ 表示待分类文档的 k 个邻居中的第 i 个文档的向量；y_i 表示 k 个邻居中的第 i 个文档所属的类别。

最近 k 邻居法不需要训练时间，分类时的计算量比较小，而且分类效果也比较好。这种分类方法可以用来处理多重多类的分类问题。

5.1.2　特征词提取方法

自动分类的各种方法基本上都是基于向量空间的，因此在分类之前都需要把训练集文档或待分类文档转化成由特征词权重构成的向量。这个转化过程主要包括三个步骤，即预处理、词条权重计算以及维数缩减。

5.1.2.1　预处理

一个文档首先通过预处理，将文档的字符串流转换成词条的集合。其中，主要的处理内容包括：

(1) 除去与文档内容无关的信息：如除去网页中的 HTML 标签，或者其他无用的符号标志等。

(2) 除去停用词：停用词是那些频繁出现却与文档内容关系不大，主要用于语法表达的功能词，如代词、介词和连词等，以及一些没有意义的形容词和副词等。本书中采用的英文停用词详见附录 A。

(3) 提取词根（Word stemming）：这种处理主要针对英文中的词形变化，用于除去词的前后缀来提取词根，整合具有相同概念的不同词条。如 work、worker、worked、working 等英文单词，它们表达的核心概念只有一个就是 work，因此在预处理时，将这些具有不同词形却有相同词根的词表达为同样的词条。Porter stemmer[57] 是最常用的一个 Stemming 算法。

5.1.2.2 词条权重计算

经过预处理后，为了将文档转换为向量，需要对其中的词条进行权重计算。词条权重的计算方法中，常用的是 TF-IDF[72] 法。词条的权重是文档的向量表示的基础，对自动分类的效果有很大影响。因此，需要综合考虑词条的局部权重、全局权重以及归一化方式等各个方面，来更好地计算词条的权重，词条权重的计算策略可以用下式表示：

$$W(t,d)=L(t,d)\times G(t)\times N(d) \tag{5.10}$$

式中：$W(t, d)$ 表示词条 t 在文档 d 中的权重；$L(t, d)$ 表示词条 t 在文档 d 中的局部权重；$G(t)$ 表示词条 t 在训练集中的全局权重；$N(d)$ 是文档 d 的归一化参数。

词条权重的计算可以参见第 1 章中 1.3.3.2 节的阐述，其中局部权重与词频对应，全局权重与词的分辨能力对应，归一化参数也可以相互对应。除了 1.3.3.2 节中介绍的词条权重计算方法，在其他研究人员的工作中，也提出了很多其他的计算方法。在本书中，采用了下面的词条权重计算方法[56]：

$$L(t,d)=\log_2(1+\sqrt{tf_{td}}) \tag{5.11}$$

$$G(t)=1+\sum_{d\in D}\frac{\frac{tf_{td}}{gf_t}\log_2\left(\frac{tf_{td}}{gf_t}\right)}{\log_2(NDoc)} \tag{5.12}$$

$$N(d)=\frac{1}{\sqrt{\sum_{t\in T,d\in D}[G(t)\times L(t,d)]^2}} \tag{5.13}$$

式中：tf_{td}是词条t在文档d中的出现频率；gf_t是词条t在训练集D中总的出现频率；$NDoc$是训练集D中的文档总数；T是所有词条的集合。

5.1.2.3　维数缩减

使用向量空间来表示文档时，直接使用构成文档的词条作为向量空间的维度，会使相应的词条向量矩阵非常稀疏和巨大，而且由于存在着大量与文档的描述和区分不相关或影响很小的词条，会造成对文档语义描述的混淆和模糊。为了提高分类算法的效率和准确度，需要对构成文档的词条进行特征词的提取和筛选，即对词条向量空间进行降维处理。

特征词提取有多种算法，大致可分为两种，即特征选择（Feature Selection）和特征重构（Re-parameterisation）。

（1）特征选择，是从统计的角度在现有的词条中挑选出对文档语义表达较好的词条来作为特征词，从而达到降维的目的。主要算法包括信息增益（IG，Information Gain），互信息（MI，Mutual Information），文档频率（DF，Document Frequency），χ^2-statistic 等特征词选取算法[146]。

（2）特征重构，是根据现有词条来抽提和重新构造出可以表达文档的隐含语义的特征作为向量空间的维度，如隐含语义检索（LSI，Latent Semantic Indexing）[77]。LSI 用于特征重构是基于这样的假设，即词条在文档中的分布规律隐含了一定的潜在结构，而这种潜在的结构可以用统计的技术来得到。LSI 的核心操作是对词条文档矩阵进行截断的奇异值分解（SVD，Singular Value Decomposition），从而可以得到原词条文档矩阵在最小二乘意义上的最好近似。从统计的意义上讲，LSI可以在降维的同时，抽提文档的隐含语义，使得生成的文档向量可以较好地表达文档的语义。

5.1.3 自动分类的评价标准

5.1.3.1 单个类别的评价标准

对自动分类算法的效果进行评价有多种方法。对于二类的分类问题，或者针对某个类别的分类效果来说，可以使用分全率（Recall）、分准率（Precision）、分错率（Fallout）、正确率（Accuracy）和错误率（Error）这几个基本的指标来衡量，具体的计算方法如下：

$$Recall=\frac{a}{a+c} \tag{5.14}$$

$$Precision=\frac{a}{a+b} \tag{5.15}$$

$$Fallout=\frac{b}{b+d} \tag{5.16}$$

$$Accuracy=\frac{a+d}{a+b+c+d} \tag{5.17}$$

$$Error=\frac{b+c}{a+b+c+d} \tag{5.18}$$

式中：a 代表正确分到这个类别的文档数；b 代表错误地分到这个类别的文档数；c 代表错误地未分到这个类别的文档数；d 代表正确地未分到这个类别的文档数。

这五个评价标准中，分全率和分准率是最主要的两种标准，它们从不同的角度对分类的效果进行了评价，二者不可偏废。为了得到一个统一的标准来衡量分类的效果，可以根据分全率和分准率定义 F 标准：

$$F_\beta=\frac{(\beta^2+1)\times Precision\times Recall}{\beta^2\times Precision+Recall} \tag{5.19}$$

将上式中的参数 β 设置为1，就得到 F_1 标准：

$$F_1=\frac{2\times Precision\times Recall}{Precision+Recall} \tag{5.20}$$

平衡点（Break-even Point）也是在自动分类领域应用较广的

一种评价方法。它同样综合考虑了分全率和分准率这两种因素，对分类的效果进行衡量。所谓平衡点，就是通过调整分类系统的参数，使分类结果的分全率和分准率相等的那个值。

5.1.3.2　多个类别的评价标准

对于多类的分类问题来说，整个系统的分类效果要综合考虑每个类别的分类结果。通过单个类别的分类情况来评价整个系统的分类效果，主要有两种方法[22]，即宏平均方法（Macro-averaging）和微平均方法（Micro-averaging）。

（1）宏平均方法，是根据上节所述的评价标准先计算出每个类的分类效果，然后再求其平均值的多类评价方法。这种方法相当于给予每个类别的分类效果以相同的权重，主要用于每个类别中的文档数分布比较均匀的情况。

（2）微平均方法，从整个系统的多个类的范围来统计上节中提到的 a、b、c、d，然后计算相关评价标准的多类评价方法。微平均相当于赋予每个文档以同样的权重，可较好地评价分类算法在文档分布不均匀的数据集上的分类性能。

5.1.3.3　不同分类算法的性能比较方法

为了比较不同分类算法的性能，首先需要在同样的数据集和分类体系的条件下对这些方法进行测试。最常用的比较方法是使用不同方法得到的同一种评价标准的值，如微平均 F_1 值，来直接比较方法的优劣。

为了在统计意义上更详细地比较自动分类算法的性能，可以采用 Yang[97] 提出的宏重要性检测（Macro Significance Test）方法来比较不同分类算法在同一数据集上所有类别的分类性能。对于两种分类算法 A 和 B 来说，宏重要性检测法根据这两种算法在数据集的所有单个类别上得到的 F_1 值来比较算法的分类性能。其中要用到如下这些概念：

（1）M 是数据集中的类别总数。

（2）$a_i \in [0, 1]$代表测试中算法 A 在第 i 个类别上的 F_1 值

($i=1$，2，…，M)。

(3) $b_i \in [0, 1]$代表测试中算法 B 在第 i 个类别上的 F_1 值 ($i=1$，2，…，M)。

(4) n 是测试中 a_i 不同于 b_i 的次数。

(5) k 是测试中 a_i 大于 b_i 的次数。

假设在满足二项分布 $Bin(n, p)$ 的情况下，当 k 出现的概率 p 大于 0.5 时，认为算法 A 优于算法 B。

当 $n \leqslant 12$ 且 $k \geqslant 0.5n$ 时，按照下式来计算任意测试中 a_i 大于 b_i 的次数 Z 大于或等于 k 的单侧概率值 P：

$$P(Z \geqslant k) = \sum_{i=k}^{n} \binom{n}{i} \times 0.5^n \tag{5.21}$$

与此相对称，当 $n \leqslant 12$ 且 $k < 0.5n$ 时，按照下式来计算另一侧概率值 P：

$$P(Z \leqslant k) = \sum_{i=0}^{k} \binom{n}{i} \times 0.5^n \tag{5.22}$$

当 $n > 12$ 时，单侧概率值 P 可以近似地根据 Z 值通过标准正态分布来计算，其中 Z 值可以由下式得到：

$$Z = \frac{k - 0.5n}{0.5\sqrt{n}} \tag{5.23}$$

根据这些方法计算得到的概率值 P 表示了算法 A 优于（或劣于）算法 B 的显著性水平。概率值 P 较小时表明算法 A 优于（或劣于）算法 B 是小概率事件，其显著性水平就较高。通常，当 $P \leqslant 0.01$ 时，认为算法 A 显著性优于（或劣于）算法 B；当 $0.01 < P \leqslant 0.05$时，认为算法 A 一般性优于（或劣于）算法 B；当 $P > 0.05$ 时，认为算法 A 与算法 B 性能相近[97]。

5.1.4 自动分类算法的比较

自动分类作为一个比较经典的问题，有很多研究工作对不同分类方法的应用领域和效果进行了比较[22,92,96,97]。其中，有很多研究和测试都是基于一个标准的分类测试集 Reuters-21578[147] 来进行的，这就为比较不同算法的性能提供了一个共同的平台。

Reuters-21578 是自动分类领域最常用的一个数据集，其中收集了 12902 篇路透社在 1987 年与经济相关的新闻报道，并提供了固定的训练集和测试集的分割方法，如最常用的“ModApte”分割法，它将整个数据集分割为含有 9603 篇文档的训练集和含有 3299 篇文档的测试集。Reuters-21578 数据集采用 Reuters 分类法，其中包含了 135 个与经济相关的类别，如“earn”，“trade”，“corn”等，这些类别之间是并列的关系。附录 B 对 Reuters-21578 数据集的分类体系进行了详细介绍。

Reuters-21578 中基本上每篇文档都根据 Reuters 分类法进行了标注，但一个文档所属的类别的数目是不固定的，某些文档最多会被分到 14 个类别中去，而且文档在每个类别中的分布也是不均匀的，如有 2709 篇文档属于类别“earning”，同时含有少于 10 篇文档的类别有 75 个。所以，Reuters-21578 是一个多重多类且文档在类别中的分布不均匀的数据集。

在各种自动分类算法的比较研究中，有很多是基于 Reuters-21578 数据集的，包括 Dumais[148]、Joachims[95]、Weiss[149]、Yang[96] 等人的工作，将这些测试结果综合起来，可以用表 5.1 来表示。

表 5.1　不同分类算法用于 Reuters-21578 数据集的比较

Table 5.1　Comparison of classification algorithms on Reuters-21578

作　者	Dumais	Joachims	Weiss	Yang
训练集文档数	9603	9603	9603	7789
测试集文档数	3299	3299	3299	3309
类别数	118	90	95	93
词条权重计算方法	Binary	TFC	Frequency	LFC
降维方法	互信息	信息增益	—	χ^2-statistic
评价标准	平衡点	平衡点	平衡点	平衡点
Rocchio 法	61.7	79.9	78.7	75.0
简单贝叶斯法	75.2	72.0	73.4	71.0
最近 k 邻居法	—	82.3	86.3	85.0
支持向量机法	87.0	86.0	86.3	—

表 5.1 的上半部分说明了不同文献中与自动分类有关的设置和计算方法，下半部分给出了这些研究工作对不同分类方法的测试结果。其中“—”表示没有采用这种方法进行测试。

同时需要说明的是，这些研究中对 Reuters-21578 数据集的分割都采用了“ModApte”法，但具体的处理步骤不一样，其中 Yang 取用的数据集文档数与其他文献不同。它们都将 Reuters-21578 的分类任务看作是二分的分类问题，即根据不同的类分别进行计算。评价标准采用的都是分全率和分准率的平衡点，但对具体的多类综合方法，例如采用微平均还是宏平均方法，并没有具体说明。

不同文献采用的词条权重计算方法和维数缩减的方法也各有不同。表 5.1 所列的词条权重计算方法中，Binary 法可用式（5.24）表示：

$$w_{ik}=\begin{cases}1 & if \quad f_{ik}>0\\0 & \text{else}\end{cases}\tag{5.24}$$

式中：w_{ik} 表示词条 i 在文档 k 中的权重；f_{ik} 表示词条 i 在文档 k 中出现的频率。

Frequency 法是指直接用词条的出现频率来计算词条权重：

$$w_{ik}=f_{ik}\tag{5.25}$$

TFC 法指用词条频率、文档频率以及 cosine 的归一化方法来计算词条权重，如式（5.26）所示：

$$w_{ik}=\frac{f_{ik}\times\lg\left(\dfrac{N}{n_i}\right)}{\sqrt{\sum_{j=1}^{M}\left[f_{jk}.\times\lg\left(\dfrac{N}{n_j}\right)\right]^2}}\tag{5.26}$$

式中：N 代表训练集中的文档总数；n_i 表示含有词条 i 的文档数；M 是训练集中的词条总数。

LFC 法是通过对词频取对数来对 TFC 进行扩展的词条权重计算方法，如式（5.27）所示：

$$w_{ik} = \frac{\lg(f_{ik}+1)\times\lg\left(\frac{N}{n_i}\right)}{\sqrt{\sum_{j=1}^{M}\left[\lg(f_{jk}+1)\times\lg\left(\frac{N}{n_j}\right)\right]^2}} \tag{5.27}$$

从这些研究结果中，可以发现相对于 Rocchio 法和简单贝叶斯法来说，最近 k 邻居法和支持向量机法是性能比较好的分类算法，后两者的性能相差不大。同时，最近 k 邻居法相对于支持向量机来说，计算比较简单，而且可以更方便地应用于多重多类的分类任务中。

从算法本身的角度来说，最近 k 邻居法作为一种消极型分类法，由于没有提前使用训练集进行训练，而是在对某个待分类文档进行处理时再进行分类，因此，训练时间复杂度为 0，分类时间复杂度则通常要大于积极型分类法。同时，由于积极型分类法是在得知待分类文档之前，就根据训练集进行了建模，而消极型分类法结合考虑了待分类文档和训练集的双重因素，相当于基于训练集，对不同的待分类文档进行不同的建模，因此消极分类法在分类的准确性和鲁棒性上要优于积极分类法，这一点在表 5.1 的测试结果比较以及其他实际的验证中[97]，也得到了证明。

本书中的分类任务，是基于一个化学化工学科的三层多重多类的分类体系（图 2.5），对 ChemEngine 中的索引网页进行自动分类。同时，由于搜索引擎对文档的自动分类是在用户查询之前就已经完成并存储，对分类时的速度要求并不很苛刻。因此，基于以上研究和分析，本书使用距离加权 kNN 算法来进行网页的自动分类，以期得到较好的分类效果。

5.2　专业网络信息的中英文自动分类

尽管 kNN 算法是一种性能比较优良、比较健壮、易于扩展的可直接用来处理多重多类分类问题的自动分类算法，但是当使用

kNN 算法对与化学化工相关的网络资源进行自动分类时，其测试的结果并不理想，见本章后续章节 5.2.5 所述。究其原因可能有三：一是由于化学化工网页之间概念的相似性，使得它们跟通用资源相比更难进行分类，在 kNN 算法中，对未知文档进行分类的前提是要有效区分训练文档之间的不同来获取最近的邻居文档；二是 ChemEngine 中采用的三层分类体系比较精确和复杂，这也是影响自动分类效果的重要原因；三是由于网页本身的噪音比较多，网页采用的语言编码或者表达方式并不统一，存在着多样性，这对自动分类系统准确识别网页的语义带来了困难。

基于以上分析，本书提出一种基于化学化工专业词典的多语言自动分类方法，以期更好地识别和提取化学化工网页中的专业信息，从而更好地对化学化工网页进行自动分类。

5.2.1 专业词典

为了从网页中识别专业信息，本书构建了一个化学化工专业词典（称为 ChemDict），来表示化学化工专业知识。这个词典中含有中英文两种语言的与化学化工领域相关的词条，并且含有中英文词条之间的对照翻译信息以及同义词信息。

词典中的词条以及相应信息，主要来自三种电子资源：一是 ChIN 的关键词库[133]，ChIN 的编辑在收集和索引网络资源时，对这些资源都分配了若干个关键词来概括资源的主要内容，每个关键词都是中英文对照；二是一个化学化工专业电子词典[150]，这个词典含有词的中英文对应信息；三是与化学化工相关的期刊文章的关键词表[151]，这些词之间也存在中英文对照关系。

从这些电子资源中获取的词条信息，经过进一步自动处理和人工整理，形成最终的化学化工专业词典。自动处理的过程主要包括去重、除去最常用的词、根据中英文之间的对照翻译信息提取同义词等。人工整理主要包括判断词条是否与化学化工相关、是否有明显错误等，并将不正确或与化学化工无关的词条从词典中除去。

最后形成的化学化工专业词典 ChemDict 共含有 293371 个词

条，其中中文词条 124625 个，英文词条 168746 个。具有多个英文对照词条的中文词条有 39851 个，这些对应着同一个中文词条的英文词条构成了英文同义词；反之，具有多个中文对照词条的英文词条有 36426 个。ChemDict 中的词条可以分为单字词条和词组词条，每个单字词条中只含有一个中文字或英文单词，每个词组词条中则含有两个或两个以上中文字或英文单词。ChemDict 的英文词条中有很大比例的词组词条，而中文词条基本上都是词组词条。

以英文词条为例，表 5.2 列出了不同阶段整理出的专业词典的英文词条总数以及词组词条的分布状况。其中 ChemDict-Ⅰ代表直接从电子资源中获取词条形成的专业词典，ChemDict-Ⅱ代表将 ChemDict-Ⅰ经过自动程序处理后得到的词典，ChemDict-Ⅲ代表进一步经过人工整理后得到的词典，也就是最后的专业词典 ChemDict。

表 5.2　化学化工专业词典的英文词条分布

Table 5.2　English term distributions in ChemDicts

化学化工专业词典	英文词条总数	英文词组词条数	英文词组词条包含的平均单词数	英文词组词条在英文词条中所占的比例（%）
ChemDict-Ⅰ	321263	198596	2.56	61.8
ChemDict-Ⅱ	202957	150078	2.55	73.9
ChemDict-Ⅲ	168746	125406	2.47	74.3

5.2.2 网页编码方式的检测和整合

Internet 作为一个世界共享的资源，其中包含了各种语言的信息。虽然 Unicode 编码已经被很多网络标准协议作为默认的语言编码方式，但由于多种原因，Internet 上仍然呈现出多种编码共存的现状[152]。如果在自动分类时不能获取准确的编码信息，Internet 上的网页有时会被认为是无用的垃圾信息或者根本就不可读，这就会影响分类的效果。因此，在对 Internet 上的多语言网页进行自动分类时，需要进行自动的编码识别。

对于英文网页来说，由于不管是哪种编码方式，如常用的ISO-8899-1、UTF-8等，都使用与ASCⅡ相同的代码点来表示英文字符。对于中文网页来说，情形就比较复杂，因为常用的编码方式，如GB2312、BIG5、GBK、UTF-8等使用不同的代码点范围来表示中文字符，如表5.3所示。其中，GB2312是中国用来表示简体中文的国家标准编码方法，也是最常用的一种中文编码方式；BIG5是在台湾地区常用的一种表示繁体中文的编码方式；GBK是对GB2312编码方式的扩展，可同时表示简体和繁体中文字符；UTF-8作为一种Unicode编码，可以表示几乎所有已知的语言字符，是Internet上推荐使用的编码方式。UTF-8使用三个字节来表示一个中文字符。表5.3中的代码点范围，“Ox”表示十六进制，“U＋”表示Unicode编码范围。从表5.3中可以看出，在ChemEngine索引的网页中，最常用的中文编码方式是GB2312，其次是UTF-8。

表5.3　中文编码方式

Table 5.3　Chinese encoding schemes

编码方式	表示的中文字符	中文字符的代码点范围	在ChemEngine网页中的使用比例（%）
GB2312	简体中文	0xB0A1-0xF7FE	11.30
BIG5	繁体中文	0xA140-0xF9FE	0.27
GBK	简体和繁体中文	0x8140-0xFEFE	0.37
UTF-8	简体和繁体中文	U＋4E00-U＋9FFF	5.75

在ChemEngine中，同时要处理中英文两种语言的网页，因此，在进行自动分词时，必须首先对文档的编码方式进行有效的识别。首先，可以通过网页的“META”标签来获取编码方式。对那些没有明确声明编码方式的网页，本书采用探测字符代码点分布的方法[152]，根据字符代码点的分布特征来自动检测和识别网页的编码方式。

既然对于同一个字符，不同的编码方式可能采用不同的代码点来表示，因此有必要对不同的编码方式进行整合，使得采用不同编码方式但表示相同内容的网页可以在自动分类中具有相同的表示向量。而且，对于中文来说，不同的简体字符和繁体字符表示的可能是同一个字，如简体的“学”和繁体的“學”实际上表示的是同一个字，因此，也需要对简体和繁体字符进行整合。在本书中，使用 GB2312 作为统一的编码方式对各种中英文编码方式进行整合，这是因为 GB2312 具有以下几个优点：其一，它可以同时表示中文和英文字符；其二，由于 GB2312 使用一个字节表示英文字符，使用两个字节表示中文字符，因此可以很容易地对中文和英文字符进行区分；其三，在 ChemEngine 收集的网页中，使用 GB2312 作为编码方式的网页占很大的比例（11.30%）。

在对不同的编码方式进行整合的过程中，首先将采用 BIG5、GBK 和 UTF-8 等编码方式的网页根据其与 Unicode 代码的对应关系转换为相应的 Unicode 编码的网页；然后将繁体中文字符根据繁体中文和简体中文字符之间的 Unicode 代码对应关系转换成简体中文字符；最后，将 Unicode 编码的网页根据 Unicode 和 GB2312 编码的对应关系转换成 GB2312 编码的网页。

经过对网页编码方式的检测和整合，就可以在自动分类的过程中准确地表示具有不同编码方式的中英文网页，以改善对网页进行自动分类的效果。

5.2.3　基于专业词典的中英文自动分类方法

综上所述，为了解决使用 kNN 算法对化学化工网络资源的分类效果差的问题，可以从两个方面来考虑：

（1）从专业化的角度：使用化学化工专业知识来提取和强化化学化工资源中的专业信息，增大资源之间的区分度。为此，本书采用化学化工专业词典来识别网络资源中的专业概念，并通过加强这些概念在资源表达中的权重，来提高自动分类系统对专业资源的表达能力和区分能力，从而改善分类的效果。

（2）从多语言的角度：使用有效的字符识别方法，准确提取网络资源的信息。为此，本书采用编码方式的自动检测和整合技术，来准确识别网页中的字符编码方式，并将使用不同编码方式却有着相同内容的网页进行整合，从而使自动分类系统可以准确提取和表示网页中的信息。

因此，本书在传统 kNN 算法的基础上提出了一种基于化学化工专业词典的多语言自动分类方法，该方法的具体处理流程如图 5.2 所示。

图 5.2 中使用阴影标示出该方法与传统 kNN 算法的不同之处，也就是编码的检测和整合（Encoding Detection and Integration）以及使用自动分词算法（Automatic Segmentation）根据化学化工专业词典 ChemDict 来提取专业信息这两部分。也正是这两部分使得该方法能够更有效地对化学化工网络资源进行自动分类。

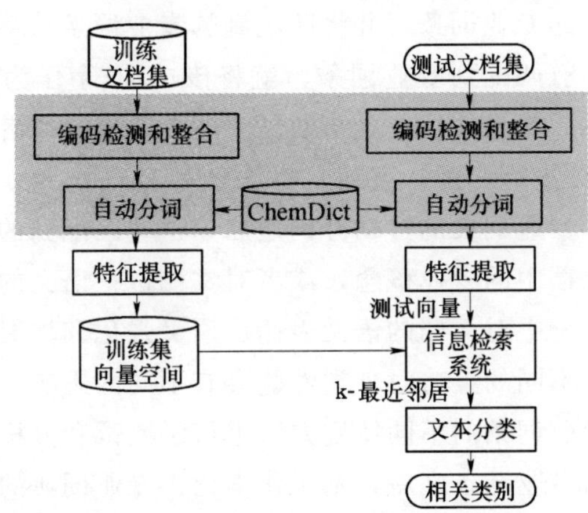

图 5.2 基于专业词典的多语言自动分类方法程序框图

Fig. 5.2 Block diagram of the dictionary-based multilingual text categorization method

在基于化学化工专业词典的多语言自动分类方法中，训练文档和测试文档首先通过如 5.2.2 节中所述的方法，即编码方式的自动检测和整合，来识别并整合文档采用的编码方式，从而准确提取出文档中的中文和英文字符。

然后，根据化学化工专业词典 ChemDict，使用自动分词的方法，来匹配和提取训练和测试文档中的专业信息。通常情况下，在对英文文档进行分词时，只需使用词和词之间的天然分隔符，即空格，来提取词条；对于中文文档来说，最简单的分词方法就是一个字一个字地进行词条的提取。然而，如表 5.2 所示，化学化工专业词典中包含了大量的英文词组词条，这些词组词条中包含了至少 2 个英文单词，而中文词条中基本上都含有 2 个以上的单字。因此，就需要采用一种比传统方法更复杂的分词方法来提取文档中的专业词条。在本书中，采用最大匹配法[60]（Longest Substring Matching）来基于专业词典对文档进行自动分词。最大匹配法是一种比较著名的自动分词算法。在这个算法中，文档作为一个字符流从前到后依次进行处理；在当前位置进行专业词典中的词条匹配时，尽量去匹配最长的专业词条，并将匹配到的专业词条从字符流中提取出来，如果没有匹配到专业词条，就将该单词/字作为一般的词条提取出来；然后将当前位置置于匹配到的专业词典或者处理后的单词/字之后继续进行匹配，直到文档处理完毕。

经过基于专业词典的自动分词之后，这些匹配到的专业词条可以用来强化文档中的专业概念，或者对文档进行语义的扩展，来提高自动分类系统中对文档的语义表达。语义强化和扩展方法可以采用多种策略，不同的策略对分类性能会有不同的影响。在 5.2.5 节中，本书对专业词条的不同使用方法进行了测试和分析。

在提取出专业词条之后，基于化学化工专业词典的多语言自动分类方法按照 5.1.2 节所述的特征词提取方法，对训练和测试文档进行特征词的提取。其中，在预处理时，该方法除了从文档中除去无关的标签和符号及其中英文停用词之外，采用了 Porter stemmer[57]算法来提取单个英文词条的词根，以更好地表达文档的语义；词条权重采用式（5.10）～式（5.13）表示的方法进行计算；在维数缩减过程中，既采用了特征选择，也采用了特征重构的方法来筛选特征词。特征选择采用文档频率的方法，将只在一篇训练文档中出现，也就是文档频率为1的词条删去，因为这些词条既不能对分类提供有用的信息，也不会对分类效果有任何影响。特征重构采用LSI[77]的方法来对特征词进行筛选和重构，因为从统计的意义上讲，LSI可以在降维的同时，抽提文档的隐含语义，使得生成的文档向量可以较好地表达文档的语义。

在特征词提取之后，训练文档和测试文档就可以表示为由特征词构成的向量空间中的相应向量，训练文档的向量集合构成了一个向量空间（Training Vector Space）。当使用kNN算法对测试文档进行分类时，首先根据生成的测试向量使用式（5.8）来计算该向量与训练向量空间中的所有训练向量的距离，然后再使用式（5.9）根据最近的k个邻居的训练向量所属的类别来得到测试文档的相关类别。

5.2.4 数据集及评价标准

为了测试基于化学化工专业词典的多语言自动分类方法对化学化工网络资源进行自动分类的效果，需要构造一些专业数据集来对该方法进行测试，同时也需要明确分类性能的评价标准。

5.2.4.1 数据集

在对基于化学化工专业词典的多语言自动分类方法进行的测试中，本书使用了四种分类数据集。

本书中主要使用ChIN化学化工资源导航系统中由人工收集和索引的资源，来构造化学化工专业数据集。ChIN中索引的资源可以在一定程度上体现和反映Internet上化学化工资源的特征，可以较好地模拟ChemEngine中要面临的分类任务，从而可以得到比较可信可靠的测试结果。同时，ChIN中的所有资源都基于如图2.5所示的三层化学学科分类体系进行了人工分类，这也是本书从ChIN资源中构造专业数据集的重要原因。

首先，ChIN的部分索引网页，即在2003年7月27日之前被索引的网页，被用来构造数据集ChIN-URL。在ChIN中，每个索引的资源都由编辑用一个简介页（Summary Page）对这个资源的概貌和主要内容进行了描述，简介页同时又有中文和英文两个版本，而对英文资源进行描述的中文简介页中有很多仍然为英文，并没有真正翻译为中文。这些简介页相当于对网络资源的总结和提炼，因此，本书中使用与 ChIN-URL 中的网页相对应的英文简介页构成了 ChIN-SE 训练集。另外，为了观察专业知识对分类效果的影响，本书中将 ChIN 编辑为每个网络资源分配的关键词并入相应的网页英文简介页中，从而构成了另一个训练集 ChIN-SEK。

为了与其他研究人员的测试结果进行比对，也为了测试基于化学化工专业词典的多语言自动分类方法在通用文档上的分类效果，本书也使用 Reuters－21578 数据集进行了自动分类方法的测试。这个数据集中的文档都是与经济相关的新闻报道，其中有些文档与化学化工相关。

这四个数据集的类别分布情况如表 5.4 所示，其中“ChIN”代表基于 ChIN 索引资源构造的所有三个数据集，因为它们具有相同的类别分布信息。

表 5.4　　数据集中的类别分布

Table 5.4　　Category distributions in the datesets

数据集	分类体系层次	类别总数	至少含有一篇文档的类别数	含有 20 篇以上文档的类别数	每篇文档所属的平均类别数
Reuters－21578	1	135	120	57	1.2
ChIN	3	341	257	71	3.1

从表 5.4 中可以看出，这两种数据集都是多类的数据集，而且文档在类别中的分布都是不均匀的。所不同的是，与 Reuters－21578 数据集相比，ChIN 数据集所采用的类别体系要更精细更复杂一些，每篇文档所属的平均类别数也更多一些，这说明 ChIN 数据集中文档与类别的对应关系也更加模糊和难以识别。因此，自动分类算法在 ChIN 数据集上的分类效果也将较差一些，这在本书的

测试结果中也得到了验证。

表 5.5 数据集中的文档分布

Table 5.5 Document distributions in the datasets

数据集	文档总数	训练集文档数	测试集文档数
Reuters-21578	9805	7063	2742
ChIN-SE	5504	3974	1530
ChIN-SEK	5504	3974	1530
ChIN-URL	2337 (295)	1635 (255)	702 (40)

为了对数据集进行训练集和测试集的分割，对 Reuters-21578 采用其本身提供的“ModApte”分割法将其分割为一个训练集和一个测试集，对 ChIN 数据集则根据资源被索引的时间进行分割。同时，在这些数据集中除去了那些没有标明类别的文档以及那些除了无意义的标签之外没有任何文本信息的文档。表 5.5 列出了不同数据集中文档的分布状况。

由于 ChIN 中只有对索引资源的介绍和链接，而没有该资源本身，ChIN-URL 数据集中的网页是通过使用一个爬行器，根据 ChIN 中提供的 URL 链接直接从 Internet 上收集的。由于 Internet 资源的动态性，在爬行器进行网页收集时，有一些网页并不能够获取，因此，ChIN-URL 中的文档数要比 ChIN-SE 和 ChIN-SEK 数据集要少。此外，Reuters-215778、ChIN-SE 和 ChIN-SEK 数据集中的文档都是英文，而 ChIN-URL 数据集中既含有英文文档也含有中文文档，其中含有中文字符的文档数在表 5.5 中用括号标出。

5.2.4.2 评价标准和参数选择

由于本实验采用的数据集中文档在多类分类体系中的分布都是不均匀的（这也反映了现实的资源分布状况），本书采用微平均 F_1 值作为分类性能的评价标准。使用微平均方法计算 F_1 值，相当于在评价中赋予每个文档以同样的权重，可较好地评价分类算法在文档分布不均匀的数据集上的分类性能。

在使用 LSI 进行特征词筛选的距离加权 kNN 分类算法中，共有三个需要确定的参数，即 LSI 中进行截断的 SVD 分解的 k 值（LSI-k），它决定了向量空间的维数；最近邻居的 k 值（kNN-k），它决定对待分类文档进行分类时的最近的邻居文档数；类别的阈值（Threshold），它决定候选类别成为文档所属类别所需超过的在最近邻居中的出现概率。

这三种参数的选择直接影响到系统的分类性能，使用不同的参数，将得到不同的分类结果。如在确定的 LSI-k 和 kNN-k 的情况下，自动分类系统的微平均值随着 Threshold 的变化曲线如图 5.3 所示。从图中可以看出，微平均分准率随着 Threshold 的升高而增大，微平均分全率则恰好相反，而综合考虑了这两者的微平均 F_1 值呈现出先增大再减小的变化趋势。从图 5.3 中，还可以发现系统的微平均 F_1 值在分准率和分全率几乎相等的时候达到最高值，这一点也可以称为平衡点。

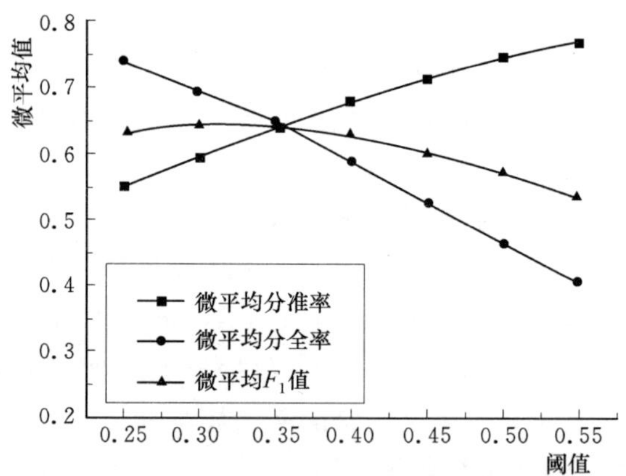

图 5.3　ChIN-SEK 数据集上含有文档最多的 10 个类别的微平均值随着阈值的变化曲线（参数取值：LSI-k=90，kNN-k=25）

Fig. 5.3　Curves of micro-average values of the 10 most frequent categories against threshold on the ChIN-SEK dataset (Preferences：LSI-k=90，kNN-k=25)

本书中，使用微平均 F_1 值作为自动分类系统的评价标准以及参数的选择标准。在对分类算法进行测试时，本书通过调整参数的取值，来得到分类系统最优的微平均 F_1 值。在本书的分类测试中，参数的调整范围分别是，LSI-k 在 70～230 之间每隔 10 取一次整数值，kNN-k 在 5～50 之间每隔 5 取一次整数值，而 Threshold 在 0.1～0.55 之间每隔 0.05 取一次值。比如在图 5.3 中，当 Threshold 的值取为 0.35 时，系统可以获得最佳的分类性能。

在比较不同分类系统的性能时，本书也采用了 Yang[97] 提出的宏重要性检测（Macro significance test）方法，如 5.1.3.2 节所述。

5.2.5 测试结果及分析

本节对基于化学化工专业词典的多语言自动分类方法从各个角度进行了比较详细的测试。

首先，本书使用传统的自动分类算法在不同的数据集上进行了测试，以提供一个用于比较的参考基准；接着，针对纯英文的数据集和化学化工专业词典，本书对基于专业词典的自动分类方法进行了测试，来观察词典的整理水平、专业词条的使用方法等因素对分类效果的影响，以及结合专业数据集的特征来提高分类性能的方法；然后，针对中英文混杂的网页数据集，本书测试了编码检测和整合对分类效果的影响，采用不同的方式来使用中英文词条的分类效果，以及采用中英文对照翻译对分类性能的影响；最后，对测试结果进行综合分析，并给出了相应的结论。

5.2.5.1 传统自动分类算法的测试结果

由于自动分类系统的分类性能是与数据集的特性密切相关的，因此在测试结果的比较中，本书主要基于同一个测试集对不同的分类算法进行比较。为了评价本书提出的分类算法对分类效果的影响，本书首先使用传统的距离加权 kNN 分类算法在各个不同的数据集上进行了测试，并用这些测试结果作为评价新的分类方法的基准。

(1) 不同数据集上的分类效果。

在测试中使用的基于 LSI 的传统 kNN 分类算法，相对于从图 5.2 所示的程序框图中除去编码检测和整合以及词典匹配这两个模块后所描述的过程。在不同的数据集上的具体测试结果如表 5.6 所示。通过对 5.2.4.1 中提到的四个数据集分别进行测试，表 5.6 给出了分类系统在这些数据集的所有类别上，以及含有文档数最多的前 10 个类别上的最优微平均 F_1 值，以及取得这个最优值时对应参数 LSI-*k*，kNN-*k* 和 Threshold 的取值。同时，在表 5.6 还列出了使用 ChIN-SEK 的训练集来对 ChIN-URL 中的测试网页进行分类的效果（ChIN-SEK→ChIN-URL），以及联合使用 ChIN-SEK 的训练集和 ChIN-URL 的训练集共同对 ChIN-URL 中的测试网页进行分类的效果（ChIN-SEK＋ChIN-URL→ChIN-URL）。

表 5.6　基准测试中的最优微平均 F_1 值和相应的参数取值

Table 5.6　Best micro-average F_1 results with the corresponding preferences of the baseline runs

数据集（用于统计的类别数）	微平均 F_1	LSI－*k*	kNN－*k*	阈值
Reuters－21578(10)	0.8908	90	20	0.45
Reuters－21578(all)	0.7974	150	20	0.35
ChIN－SE(10)	0.6334	70	20	0.35
ChIN－SE(all)	0.4981	70	10	0.3
ChIN－SEK(10)	0.6466	80	15	0.35
ChIN－SEK(all)	0.5132	80	10	0.3
ChIN－URL(10)	0.5258	150	20	0.3
ChIN－URL(all)	0.3871	110	20	0.25
ChIN－SEK→ChIN－URL(10)	0.5592	90	20	0.3
ChIN－SEK→ChIN－URL(all)	0.4250	90	30	0.25
ChIN－SEK＋ChIN－URL→ChIN－URL(10)	0.5357	100	20	0.25
ChIN－SEK＋ChIN－URL→ChIN－URL(all)	0.4087	120	25	0.2

测试结果显示，分类算法在 Reuters-21578 上的性能要明显优

于在 ChIN 数据集上的性能，这是由于 ChIN 数据集中文档概念的相似性以及分类体系的复杂性。从结果中还可以看到，对同样的数据集，使用含有文档最多的前 10 个文档来统计系统的分类性能，与使用所有类别来统计性能相比，得到的分类结果要好，这主要是因为在文档分布不均匀的数据集中，含有文档数较多的类别往往有更多的候选文档来进行训练，从而有更多的机会被准确分配给测试文档。对于 ChIN 数据集来说，含有文档最多的前 10 个类别中包含了所有位于分类体系第一层的 7 个类别，这说明位于上层的类别的分类效果往往要优于下层类别的分类效果。

通过比较分类算法在 ChIN-SE 和 ChIN-SEK 数据集上的测试结果，可以看出将与资源相关的关键词（这些关键词从某种程度上代表了专业知识）添加到相应的简介页中，可以提高自动分类的效果。因此，在下面的试验中，本书主要使用 ChIN-SEK 数据集来进行测试。

从交叉测试的结果中，还可以发现使用 ChIN-SEK 的训练集来对 ChIN-URL 的测试网页进行分类的效果，比直接使用 ChIN-URL 的训练集进行训练得到的分类效果要好。这是由于 ChIN-SEK 中的简介页是对网页的比较准确和概括的描述，而 ChIN-URL 的网页本身却含有较多的噪音，而且 ChIN-URL 训练集中含有的文档数也比 ChIN-SEK 要少。

为了更好地利用有限的数据集，测试中联合使用了 ChIN-SEK 的训练集和 ChIN-URL 的训练集进行分类的训练，然后对 ChIN-URL 中的测试网页进行分类。然而出人意料的是，测试的结果还没有单独使用 ChIN-SEK 训练集的效果好。这可能是因为将两种数据的训练集合并在一起，使得训练集中的混乱度增加，无用信息掩盖了有用信息，从而使得训练向量空间中的语义表达变差，导致分类效果不好。

(2) 同一数据集不同层次的分类效果。

为了观察 ChIN 数据集的分类体系结构对分类效果的影响，本书使用传统的自动分类算法基于不同层次的类别结构对 ChIN-URL 数据集进行了测试和比较。采用的类别结构从简单到复杂包括了三种情况，即只使用第一层的 7 个类别、使用第一和第二层的 72 个类别以及使用所有三层类别的完整分类体系分别进行测试。测试结果如表 5.7 所示。其中只采用第一层的 7 个类别进行分类时，其统计结果中，含有文档最多的前 10 个类别的微平均值由所有类别的微平均值来代替。

表 5.7　传统分类算法在数据集 ChIN-URL 数据集上基于不同分类结构的分类性能

Table 5.7　Classification performances of traditional classification algorithm on ChIN-URL dataset in different class structures

数据集	类别总数	微平均 F_1 值	
		所有类别	含有文档最多的前 10 个类别
ChIN-URL	7（1-level）	0.5709	0.5709
	72（1.2-level）	0.4418	0.5479
	341（all-level）	0.3871	0.5258

从测试结果中，可以看出对同一个数据集来说，随着类别体系的复杂度和精细度增大，同样的分类算法在其上的分类效果将逐渐变差，也进一步说明位于上层的类别的分类效果通常要优于下层类别的分类效果。这主要是因为类别体系越复杂，类别和文档之间的相关度就越难以识别，而且位于下层的类别也往往含有较少的训练文档，使得这些类别被分配给测试文档的概率减少。

从使用传统的 kNN 自动分类算法对 Reuters-21578 通用数据集和 ChIN 专业数据集的测试中，可以看出 kNN 算法虽然在通用数据集中可以达到近 80%的分类效果，但是在对化学化工专业网络资源的自动分类任务中，却只能获取约 39%的最佳分类性能。因此，有必要对传统的自动分类算法进行改进，来提高专业资源的分类效果。

5.2.5.2　基于专业词典的自动分类的有关测试

为了改进传统的自动分类算法对专业资源的分类效果，可以设法将专业知识应用于自动分类体系中。在本书中，采用一个化学化工专业词典 ChemDict 来表示专业知识，并基于这个专业词典来有效提取和强化文档中的专业信息，提高自动分类的性能。为了专注于考察专业知识对分类效果的影响而排除多语种等因素的影响，本节中主要针对数据集中的英文信息进行分类，并只使用了 ChemDict 中的英文专业词条来提取专业知识。与中英文多语言相关的测试将集中在下一节中进行阐述。

在本节的测试中，使用如图 5.2 所示的基于化学化工专业词典的自动分类方法，这里仅集中处理数据集中的英文信息，而对中文信息进行了忽略，也就是相当于省略了编码检测和整合这一步。

(1) 词典的整理水平对自动分类的影响。

首先，本书测试了词典的不同整理水平对系统分类效果的影响。基于 ChIN-SEK 数据集，测试中分别使用了表 5.2 所示的三种整理水平的专业词典来提取专业知识，测试的分类结果见表 5.8。

表 5.8　基于不同词典的分类算法在 ChIN-SEK 数据集上的分类性能
(参数取值：LSI-k=90，kNN-k=10，Threshold=0.3)

Table 5.8　Classification performance of the dictionary-based runs with different dictionaries on the ChIN-SEK dataset
(Preferences：LSI-k=90，kNN-k=10，Threshold=0.3)

	传统分类算法	基于词典 ChemDict-Ⅰ的分类算法	基于词典 ChemDict-Ⅱ的分类算法	基于词典 ChemDict-Ⅲ的分类算法
微平均 F_1 值（含有文档最多的前 10 个类别）	0.6369	0.6313	0.6391	0.6461
微平均 F_1 值（所有类别）	0.5109	0.5079	0.5094	0.5195

从表 5.8 中可以看出，使用专业词典来提取专业词条可以提高对专业资源的自动分类效果，而且整理水平和准确度越高的专业词典，分类效果越好。如果专业词典比较粗糙，含有太多噪音或与专业领域无关的信息，如 ChemDict-Ⅰ，使用它反而会使分类效果变差。

由于需要对训练或测试文档基于专业词典进行自动分词，基于专业词典的自动分类方法与传统分类算法相比，往往需要更多的时间来提取特征词。因此，测试中记录了基于词典的自动分词在分类时所需的具体运行时间，如表 5.9 所示。在分类算法的训练阶段，特征词提取以及使用 LSI 进行 SVD 分解都需要一定的时间，而在测试阶段，主要时间被用来对每篇测试文档进行特征词提取和 kNN 分类的计算。

表 5.9　基于不同词典的分类算法在 ChIN-SEK 数据集上的运行时间（s）
（参数取值：Preferences：LSI-k=90，kNN-k=10，Threshold=0.3）

Table 5.9　Running time (in seconds) of the dictionary-based runs with different dictionaries on the ChIN-SEK dataset
(Preferences：LSI-k=90，kNN-k=10，Threshold=0.3)

分类方法	分类训练阶段		分类测试阶段	
	总的训练时间	每篇文档的平均训练时间	总的测试时间	每篇文档的平均测试时间
传统分类算法	169	0.0425	109	0.0712
基于词典 ChemDict-Ⅰ的分类算法	493	0.1241	346	0.2261
基于词典 ChemDict-Ⅱ的分类算法	467	0.1175	314	0.2052
基于词典 ChemDict-Ⅲ的分类算法	424	0.1067	255	0.1667

从表 5.9 中可以看出，所有基于词典的分类速度都低于不用词典的传统分类算法，而整理水平较高的 ChemDict-Ⅲ与其他两个词

典相比，可以更快地对文档进行训练和分类。由此可知，经过人工整理的比较准确的词典在基于词典的自动分类系统中，既可以有效提高分类的效果，也可以加快分类的速度。因此，在下面的测试中，本书使用 ChemDict-Ⅲ作为专业词典 ChemDict 来表示和提取文档中的专业信息。

同时需要说明的是，对化学化工资源进行自动分类的速度并不是本书关注的主要问题，因为在 ChemEngine 中，对索引网络资源的自动分类是在给用户提供网页的分类信息之前就预先完成并存储的，分类的速度并不影响用户的检索速度。

(2) 专业词条的使用策略对自动分类的影响。

基于专业词典的自动分类方法中，在使用自动分词对文档与专业词典进行匹配后，需要考虑该如何使用匹配到的专业词条。测试中采用了两种策略来使用这些专业词条对文档进行语义的扩展，一种策略是直接将匹配到的专业词条添加到相应文档中；另一种策略是将匹配到的专业词条加倍后再添加到相应文档中，以强化专业知识/概念在文档中的表示。这两种策略的测试结果以及与不采用任何策略（相当于传统的分类算法）的结果对比如表 5.10 所示。

表 5.10　基于词典的分类方法对匹配到的 ChemDict 专业词条采用不同的使用策略在 ChIN-URL 数据集上的分类性能及相应的参数取值

Table 5.10　Classification performance with the corresponding preferences of the dictionary-based runs using different strategies to deal with the matching terms found in ChemDict on the ChIN-URL dataset

	微平均 F_1 值			LSI-k	kNN-k	Threshold
	不采取任何措施	将专业词条插入一次	将专业词条插入两次			
含有文档最多的前 10 个类别	0.5229	0.5373	0.5543	200	20	0.3
所有类别	0.3874	0.3982	0.408	200	15	0.25

测试结果显示，第二种策略，即加倍插入的方法，可以获得更

好的分类性能。同时，也说明对专业知识的不同使用策略会对自动分类的性能产生影响，而如何采用更好的策略来提高分类性能，是进一步研究中值得考虑的问题。

(3) 基于专业词典的自动分类与传统方法的对比。

通过上面的分析，本书在对基于专业词典的自动分类方法的测试中，使用专业词典 ChemDict（即 ChemDict-Ⅲ）对文档进行专业词条的匹配，并将匹配到的专业词条加倍插入到相应的文档中。在各个数据集上的测试结果列于表 5.11 中。通过与传统的自动分类算法进行对比，可以发现基于专业词典的自动分类方法在所有的 ChIN 专业数据集上都获得了较好的分类效果，而在 Reuters-21578 通用数据集上却显示出较差的分类效果，如图 5.4 所示。

表 5.11　基于专业词典 ChemDict 的自动分类方法的最优微平均 F_1 值和相应的参数取值

Table 5.11　Best micro-average F_1 results with the corresponding preferences of the dictionary-based runs with ChemDict

数据集（用于统计的类别数）	微平均 F_1	LSI − k	kNN − k	Threshold
Reuters − 21578(10)	0.8868	90	15	0.45
Reuters − 21578(all)	0.7951	90	15	0.35
ChIN − SEK(10)	0.6559	90	20	0.3
ChIN − SEK(all)	0.5195	90	10	0.3
ChIN − URL(10)	0.5543	200	20	0.3
ChIN − URL(all)	0.408	200	15	0.25
ChIN − SEK→ChIN − URL(10)	0.5759	90	30	0.25
ChIN − SEK→ChIN − URL(all)	0.4415	110	25	0.25
ChIN − SEK＋ChIN − URL→ChIN − URL(10)	0.5488	90	30	0.25
ChIN − SEK＋ChIN − URL→ChIN − URL(all)	0.4218	120	30	0.2

基于专业词典的自动分类方法在不同数据集上表现出的不同分类性能，其主要原因在于专业词典 ChemDict 中的专业词条在不同

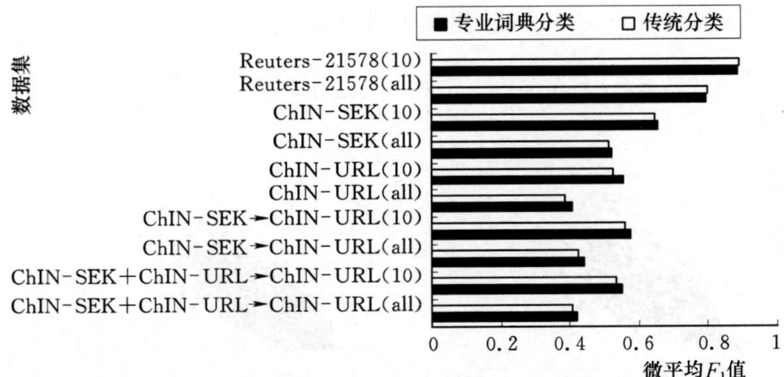

图 5.4 具有专业词典的分类方法与传统分类算法的分类性能比较

Fig. 5.4 Comparison of classification performance in dictionary-based runs with baseline

数据集中的不同分布，如表 5.12 所示。

表 5.12 ChemDict 专业词条在数据集中的分布

Table 5.12 Distributions of ChemDict terms in the datasets

数据集	词条总频率	专业词条频率	词条总数	专业词条数	专业词条所占词条频率比例(%)	专业词条所占词条数比例(%)
Reuters-21578	1301061	56886	709962	38822	4.37	5.47
ChIN-URL	1906915	166147	498941	66994	8.71	13.43
ChIN-SEK	1565049	209716	785272	135630	13.40	17.27

为了更详细地说明词典中的专业词条在不同数据集中的分布特征，本书对数据集中的每篇文档所含有的专业词条进行了统计，如图 5.5 所示。从图表中可以观察到 ChIN-URL 数据集和 ChIN-SEK 数据集具有相似的专业词条分布特征，同时也都比 Reuters-21578 数据集具有更多和更高频率的专业词条。图 5.5 中对文档的专业词条和所有词条所作的线性回归分析，也说明专业词条在 ChIN 数据集中的重要性要大于 Reuters-21578 数据集。这就解释了为什么基于专业词典的自动分类方法在 ChIN 数据集上性能提

高，而在 Reuters-21578 数据集上性能却下降。

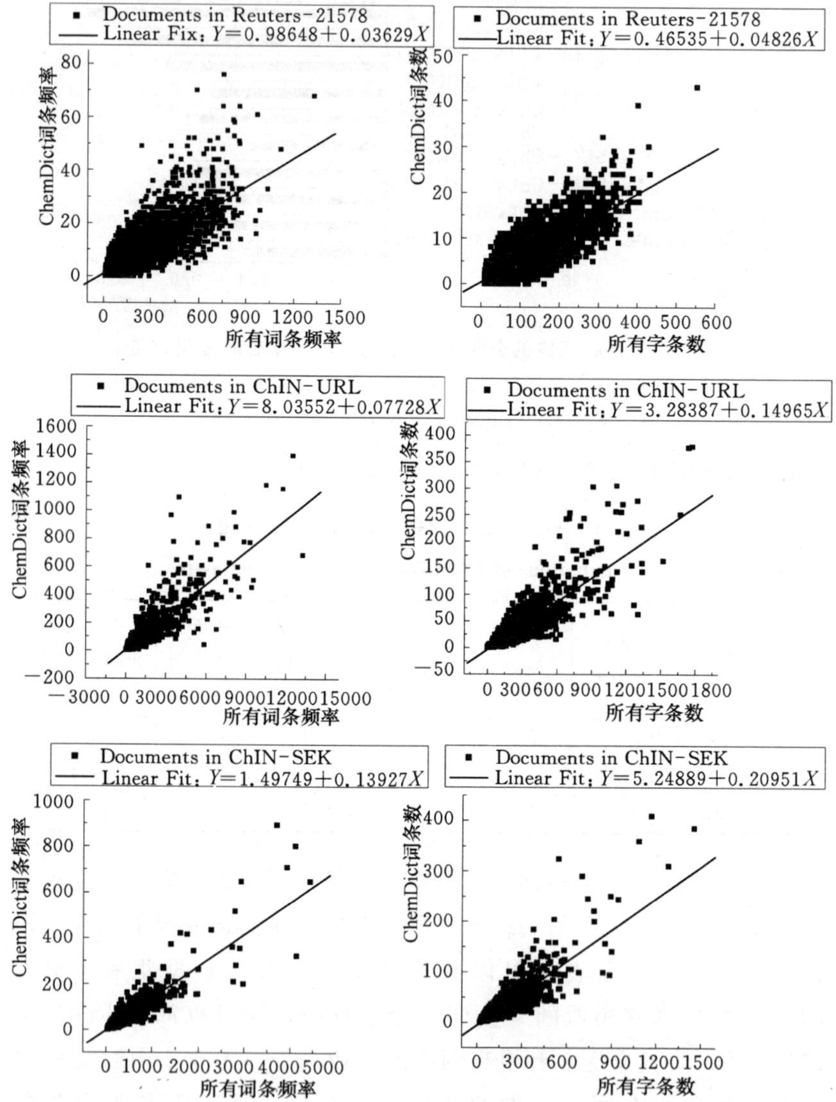

图 5.5　ChemDict 专业词条在不同数据集文档中的分布

Fig. 5.5　Distributions of ChemDict terms in each document of different datasets

从专业词条的分布特征中，还可以发现 ChIN-SEK 数据集的专业词条频率本身要大于 ChIN-URL 数据集。当使用将文档中匹配到的专业词条加倍插入的策略来扩展文档的语义时，对 ChIN-SEK 数据集中的文档表示影响不大，因此，最后得到的分类效果也就并没有在 ChIN-URL 数据集上提高得多（图 5.4）。

为了在统计意义上更详细地比较自动分类算法的性能，使用宏重要性检测方法来比较基于词典的自动分类方法与传统自动分类算法在 ChIN-URL 数据集上所有类别的分类性能，结果为单侧概率值 $P(Z \geqslant 3.53)$ 为 0.0002078，这说明基于词典的自动分类方法的分类性能要显著性优于传统的自动分类算法。

（4）Voting 方法对自动分类的影响。

既然 ChIN-SEK 和 ChIN-URL 数据集都是化学化工专业数据集，而且它们使用同一个化学化工分类体系，因此，可以一起使用这两个数据集中的数据来预测化学化工相关网络资源的类别。但是在上面的测试中，联合使用 ChIN-SEK 的训练集和 ChIN-URL 的训练集进行分类的训练，然后对 ChIN-URL 中的测试网页进行分类，得到的测试结果并不理想（图 5.4）。为了更好地利用有限的数据资源，本书提出了一种 Voting 方法以期更好地预测 ChIN-URL 测试集中的化学化工相关网页。

Voting 方法，即通过投票的方式将不同分类系统的分类结果整合起来。在本节提出的这个 Voting 方法中，首先使用基于词典的自动分类方法分别基于 ChIN-SEK 训练集和 ChIN-URL 训练集继续训练，建立两个训练向量空间，并基于这两个向量空间分别对 ChIN-URL 测试集进行分类。然后，将这两个系统分别给每个查询网页分配的类别作为候选类别，使用下式来投票得到查询网页的最终类别：

$$r_{c_i}(q) = \frac{r_{c_i,s}(q) + r_{c_i,u}(q)}{\sum_{j \in Cs} r_{c_j,s}(q) + \sum_{j \in Cu} r_{c_j,u}(q)} \tag{5.28}$$

式中：$r_{c_i}(q)$ 是类别 c_i 对查询网页 q 的最终权值；$r_{c_i,s}(q)$ 和 $r_{c_i,u}(q)$为基于 ChIN-SEK 训练集和基于 ChIN-URL 训练集进行训练得到的类别 c_i 对查询网页 q 的权值；Cs 和 Cu 为基于 ChIN-SEK 训练集和基于 ChIN-URL 训练集进行训练，所分配给查询网页 q 的类别集合。

最后，通过判断某个类别对查询网页的最终权值是否大于某个阈值，来确定该类别是否是查询网页的所属类别。这个阈值（Voting Threshold）也由系统的最优微平均 F_1 值来决定。

测试结果如表 5.13 所示，其中“ChIN-SEK & ChIN-URL→ChIN-URL”表示分别使用 ChIN-SEK 训练集和 ChIN-URL 训练集进行训练，来投票决定 ChIN-URL 测试集中的网页类别。

表 5.13　基于专业词典的 Voting 方法在 ChIN-SEK 数据集（参数取值：LSI-k=90，kNN-k=30，Threshold=0.25）和 ChIN-URL 数据集（参数取值：LSI-k=200，kNN-k=20，Threshold=0.3）上的最优微平均 F_1 值和相应的参数取值

Table 5.13　Best micro-average F_1 with the corresponding preferences of the voting runs with ChemDict on the ChIN-SEK dataset (Preferences: LSI-k=90, kNN-k=30, Threshold=0.25) and ChIN-URL dataset (Preferences: LSI-k=200, kNN-k=20, Threshold=0.3)

数据集（用于统计的类别数）	微平均 F_1 值	Voting Threshold
ChIN－SEK & ChIN－URL→ChIN－URL(10)	0.5876	0.10
ChIN－SEK & ChIN－URL→ChIN－URL(all)	0.4563	0.06

通过与传统分类算法的分类效果比较，可看出 Voting 方法能够提高分类的性能，如图 5.6 所示。同时，宏重要性检测的计算结果，单侧概率值 $P(Z \geqslant 4.84)$ 为 6.492E-7，也说明 Voting 方法与传统自动分类算法相比，可以显著性地提高分类的性能。

Voting 方法虽然可以有效提高分类效果，但是它需要基于两种训练集进行两次训练和分类，而且还需要更多的参数选择，因此使用起来比较复杂。在实际的应用中，需要根据不同的情况来酌情

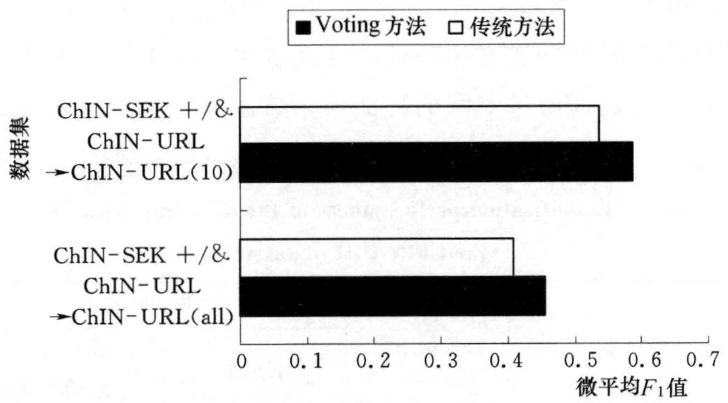

图 5.6 Voting 方法与传统分类方法的分类性能比较
Fig. 5.6 Comparison of classification performance in voting run with baseline run

使用。在 ChemEngine 中，考虑到索引资源的数量比较多，并没有采用 Voting 方法来对化学化工网页进行分类。

5.2.5.3 中英文网页自动分类的有关测试

本节中主要针对中英文网页的自动分类问题进行相关测试。试验中，使用如图 5.2 所示的基于化学化工专业词典的自动分类方法，基于化学化工专业词典 ChemEngine 的所有中英文词条，在含有中英文信息的专业数据集 ChIN-URL 上对化学化工相关网页进行自动分类。

(1) 基于专业词典的多语言自动分类方法对中英文网页自动分类的影响。

对于中英文网页来说，由于其本身的编码方式的多样性，使得在自动分类时需要首先对网页的编码方式进行检测和整合（见 5.2.2 节）。为了观察编码检测和整合对自动分类的影响，在测试中，首先在传统分类算法的基础上使用一种简单的编码识别方式，即认为所有的中英文网页都使用 GB2312 进行编码；然后，使用 5.2.2 节所述的编码检测和整合方法来预先对网页进行处理，但并不使用专业词典进行专业知识的提取；最后，使用完整的基于专业词典 ChemDict 的多语言自动分类方法来对网页进行分类。表 5.14 列出了使用不同的分类方法得到的分类效果，其中第二列给出了每种方法得到的训练向量空间的特征词条数。

表 5.14　不同分类方法在 ChIN-URL 数据集上的分类性能

Table 5.14　Classification performances of the different methods on the ChIN-URL dataset

自动分类方法	特征词条数	微平均 F_1 值	
		所有类别	含有文档最多的前 10 个类别
传统分类算法（无编码检测）	11517	0.3871	0.5258
传统分类算法（简单编码检测）	15695	0.4117	0.5442
传统分类算法（编码检测和整合）	13739	0.4166	0.5598
基于专业词典 ChemDict 的多语言自动分类算法	18054	0.4280	0.5715

从表 5.14 中可以看出，使用简单的编码识别方式，虽然可以识别出中文字符而提高文档的语义表达，但其中含有很多因为编码方式的判断有误而被错误识别的垃圾字符；使用编码检测和整合方法，可以有效识别中英文两种字符并去掉垃圾信息，从而提高自动分类的效果；而在此基础上，使用化学化工专业词典 ChemDict 进行专业词条的提取和强化，可以进一步提高自动分类的性能，如图 5.7 所示。同时，根据宏重要性检测法进行计算，单侧概率值 $P(Z \geqslant 2.41)$ 为 0.007976，说明基于专业词典的多语言自动分类方法与传统自动分类算法相比，可以显著地提高分类系统的性能。

（2）中英文 Voting 方法对中英文网页自动分类的影响。

通过对基于专业词典 ChemDict 的多语言自动分类方法的结果进行仔细分析，可以发现该方法对测试集中的中英文混合网页的分类效果比对纯英文网页的分类效果差得多，如表 5.15 所示，这也

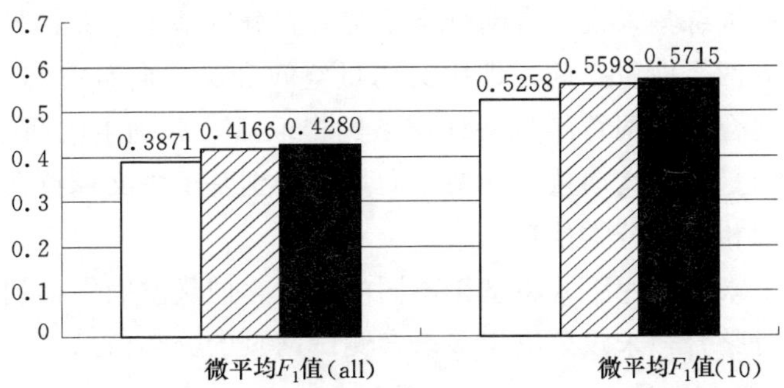

图 5.7 不同分类方法的分类性能比较

Fig. 5.7 Comparison of classification performance of different methods

许是导致自动分类方法对测试集所有网页的整体分类效果比较差的原因所在。

表 5.15 不同分类方法在 ChIN-URL 数据集上对不同网页的分类性能

Table 5.15 Classification performances of the different methods for different web pages on ChIN-URL dataset

自动分类方法	微平均 F_1 值		
	所有测试网页	中英文混合测试网页	纯英文测试网页
基于专业词典 ChemDict 的多语言自动分类算法	0.428	0.3786	0.4301
中英文 Voting 方法	0.4268	0.4	0.4293

由于向量空间中词条维度之间是相互独立的，不加区别地使用中英文特征词条构成向量空间，会使向量的语义表达比较模糊和分散。因此，本书提出了一种中英文 Voting 的方法，通过对中英文网页中的中英文特征词条分别建模来投票决定混合网页的分类结果。

在这个 Voting 方法的训练过程中，针对训练网页中不同语言的特征词条分别构造多个单语言的训练向量空间，将多语言的测试网页分别基于这些向量空间得到不同的分类结果。比如对含有中英文信息的训练集来说，自动分类系统首先分别基于中文和英文特征词条建立两个向量空间，即中文向量空间和英文向量空间。然后，中英文混合测试网页经过特征词条的提取后，分别生成两个向量，即中文向量和英文向量，这两个向量再分别基于中文或英文向量空间来获取相应的分类信息。

接下来，使用下式将基于不同的单语言向量空间中得到的分类信息进行整合，来投票决定多语言测试网页的分类信息：

$$R_{c_i}(page)=\frac{\sum\limits_{lang\in LANG}R_{c_i,lang}(page)}{\sum\limits_{lang\in LANG}\sum\limits_{c_j\in Clang}R_{c_j,lang}(page)} \tag{5.29}$$

式中：$R_{c_i}(page)$ 表示类别 c_i 对测试网页 $page$ 的最终权值；$R_{c_i,lang}(page)$ 表示基于语言 $lang$ 的特征词条构成的向量空间得到的类别 c_i 对网页 $page$ 的权值，相当于类别 c_i 在最近邻居中的出现概率；$LANG$ 表示网页 $page$ 中含有的语言集合；$Clang$ 表示基于语言 $lang$ 的特征词条构成的向量空间对网页 $page$ 分配的类别集合。

最后，通过判断某个类别对测试网页的最终权值是否大于某个阈值，来确定该类别是否是测试网页的所属类别。对于单语言测试网页来说，只需在相应的单语言向量空间中进行分类即可。

使用中英文 Voting 方法对 ChIN-URL 中的测试网页进行分类的结果也列在表 5.15 中。从测试结果可以观察到，与使用中英文词条混合建模的方式相比，中英文 Voting 方法可以有效提高中英文混合网页的分类效果，同时却使纯英文网页的分类效果变差。由于在 ChIN-URL 数据集中约 87％的文档都是纯英文文档，因此中英文 Voting 方法对所有测试网页的平均分类效果也相应变差。在中英文 Voting 方法中，对于中英文混合网页来说，由于可以更集中清晰地在不同的单语言向量空间中表示其语义和获取最近邻居，并将不同的分类结果综合起来，因此可以改善其分类效果；对于纯英文网页来说，虽然其在英文向量空间中的表示更准确了，却损失了由中文词条带来的上下文信息，以及与其他中英文混合网页之间的联系，这就使得 Voting 方法对纯语言网页的分类效果变差。

在 ChemEngine 收集的网络资源中，有很多网页都是纯语言的，而且多语言的 Voting 方法也需要对不同语言的特征词条分别建模，这就使得分类的过程比较复杂。因此，在 ChemEngine 中并没有采用多语言 Voting 方法对索引的多语言网络资源进行分类。

(3) 中英文翻译对中英文网页自动分类的影响。

为了观察中英文词条的对照翻译以及同义词对中英文网页自动分类效果的影响，本节中在使用基于化学化工专业词典的自动分类方法的基础上，将匹配到的专业词条根据专业词典 ChemDict 中的中英文对照信息进行翻译以及同义词合并，来对文档进行语义的扩展，这也是另一种形式的专业词条使用策略。

具体的语义扩展策略包括五种：一是在文档中只保留匹配到的中英文专业词条，将文档中的非专业词条从特征词集合中去掉；二是将匹配到的中英文专业词条加倍插入到相应文档；三是将匹配到的中英文专业词条以及中文词条对应的英文词条都加倍插入到相应文档中，如果中文词条在专业词典中对应有多个英文词条，就将对应的英文词条列表中的第一个插入到文档中；四是将匹配到的中英文文专业词条以及中文词条对应的所有（一个或多个）英文词条都加倍插入到相应文档中；五是除了将匹配到的中文词条加倍插入文档之外，还将匹配到的或者根据中文词条进行翻译得到的所有英文词条中的同义词进行合并，然后将合并后的英文词条加倍插入到相应文档中。

这五种语义扩展策略在 ChIN-URL 数据集上的测试结果及其相应向量空间的特征词条数如表 5.16 所示。从测试结果中可以看出，第一种语义扩展策略由于摒弃了大量的文档上下文信息导致分类效果较差，而其余四种语义扩展策略的分类效果没有太大区别。根据专业词典进行对照翻译的效果不明显，可能是因为测试集中的文档较少或者数据集中包含的专业词条较少的缘故，使得中文专业词条对应的英文词条并不在训练集中出现，因此文档中的专业信息并没有在向量表示中得到有效的加强，从而分类效果也没有得到有效的提高。而且，由于第三、第四、第五种策略在分类时都需要耗费更多的内存和空间，因此，在 ChemEngine 中对化学化工资源进行自动分类时，采用的是第二种语义扩展策略。

表 5.16　不同语义扩展策略在 ChIN-URL 数据集上的分类性能

Table 5.16　Classification performances of different document expansion strategies on the ChIN-URL dataset

自动分类方法（语义扩展策略）	特征词条数	微平均 F_1 值	
		所有类别	含有文档最多的前 10 个类别
传统分类方法（没有语义扩展策略）	13739	0.4166	0.5598
基于词典的分类方法（第一种语义扩展策略）	8878	0.4157	0.5528
基于词典的分类方法（第二种语义扩展策略）	18054	0.428	0.5715
基于词典的分类方法（第三种语义扩展策略）	20256	0.4268	0.5735
基于词典的分类方法（第四种语义扩展策略）	23430	0.4251	0.5707
基于词典的分类方法（第五种语义扩展策略）	19748	0.4279	0.5695

5.2.5.4　结论

通过对基于化学化工专业词典的多语言自动分类方法进行测试及其与传统分类算法的性能比较，本书对基于专业词典的多语言自动分类方法中涉及的专业化和多语言问题和相应的策略进行了研究和探讨。

在专业化方面，本书研究和测试了专业词典的整理水平、使用匹配到的专业词条进行文档语义扩展的策略以及数据集的专业特性对分类效果的影响。在对使用策略和测试结果进行比较和分析的基础上，在 ChemEngine 的实际应用中，本书使用经过人工整理的具有较好准确度的化学化工专业词典 ChemDict-Ⅲ 作为 ChemDict 的最好版本，在自动分类时用来提取化学化工网络资源中的专业词条，然后，将匹配到的中英文专业词条使用加倍插入的策略来对相应的文档进行语义的扩展。

在多语言方面，本书研究和测试了多语言网页编码方式的检测和整合、多语言词条在建立向量空间模型时的策略、中英文词条的对照翻译和同义词合并等因素对多语言自动分类效果的影响。在对测试结果进行比较分析的基础上，ChemEngine 在对网页进行处理前首先采用编码的自动检测和整合策略来有效提取网页中的中英文信息，然后使用测试集中的中英文词条建立混合的训练向量空间来获取较好的自动分类效果。

5.3 Internet 主题搜索引擎中专业信息的中英文自动分类

在 Internet 化学化工主题搜索引擎 ChemEngine 中使用本书提出的基于专业词典的多语言自动分类方法来对其中索引的网页资源进行自动分类。ChemEngine 中对网页进行自动分类的框架如图 5.8 所示。

从图 5.8 中可以看出，ChemEngine 提供专业分类功能的实现过程如下：当用户提交的查询条件中有类别信息时，即系统根据用户感兴趣的专业类别对 ClassID 进行了赋值，检索接口处理用户查询时，就会将接收到的这个类别信息传递给网页过滤模块；网页过滤模块通过网页分类信息提取模块从数据库中将存储的类别与网页

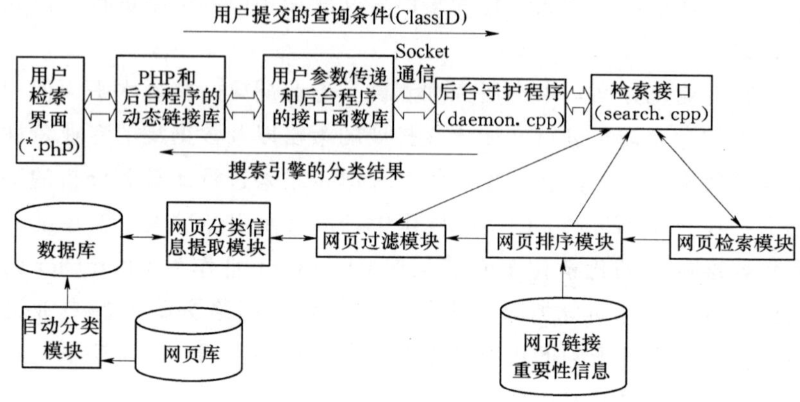

图 5.8　ChemEngine 的自动分类框架图

Fig. 5.8　The classification framework in ChemEngine

的相关信息提取出来，得到用户感兴趣类别的相关网页，然后对网页排序模块在网页的查询相关度和链接重要性的基础上得到的最终排序结果进行过滤，从列表结果中除去与用户感兴趣类别不相关的网页，只将符合用户感兴趣类别的相关网页列表返回给检索模块，继而将这些分类结果显示给用户；而数据库中存储的网页分类信息，是由自动分类模块对网页进行自动分类后预先存入的。自动分类模块采用基于专业词典的多语言自动分类方法，对 ChemEngine 网页库中的所有网页进行自动分类，然后以特定的格式对分类结果进行整理并存储在数据库中。

在实现对网页的自动分类并向用户显示分类结果的过程中，主要包含了三个问题：一是如何通过使用基于词典的自动分类方法，将 ChemEngine 的索引网页进行自动分类，并将分类结果进行合理的存储；二是如何将用户查询的检索结果和网页的分类结果进行合理的整合，使用户可以通过网页的分类信息提高检索的效率；三是如何获取用户在检索过程中感兴趣的类别，并将符合用户感兴趣类别的检索结果显示给用户。下面分别就这三个问题进行描述。

5.3.1 网页资源的自动分类

为了对化学化工网络资源进行有效的分类，ChemEngine 中采用了基于化学化工专业词典 ChemDict 的多语言自动分类方法（具体的方法细节如 5.2.5.4 节中所述），并在一个三层的化学学科分类体系（如图 2.5 所示）中，对 ChemEngine 中的索引网页进行了自动分类。

在使用自动分类算法对网页进行分类时，需要使用一个具有相同分类体系的专业分类训练集来建立专业的向量空间模型。在 ChemEngine 中，使用 ChIN 中人工索引的所有中英文网页资源来构造分类训练集 ChIN-RESOURCE，来对分类器进行训练。ChIN-RESOURCE 训练集中的资源是由下面几个步骤来构造的：首先，根据 ChIN 收集的资源链接使用一个爬行器从 Internet 上收集到相应的网页；其次，将这些收集到的网页进行整理、去重和去空；第三，整理出网页和类别之间的对应关系。最终生成的数据集中包含了 4648 个网页，每个网页都基于三层学科分类体系进行了分类。

在使用 ChIN-RESOURCE 专业训练集进行训练后，分类器会生成一个含有网页和专业类别相关信息的向量空间模型，然后基于这个专业分类模型，分类器从 ChemEngine 的网页库中，将其中压缩存储的网页进行解压后，再依次进行分类，并将每个网页的分类结果存储在一个文件中。

由于在实际的使用过程中，通常要按照一定的分类信息来获取相应的网页信息，因此需要对分类结果进行整理，将网页对类别的索引结果信息，转换为基于类别的网页倒排索引信息，这个过程与建立网页的倒排索引的过程有些类似。为了有效存储和快速获取属于某一个类别的网页文档信息，本书使用如图 5.9 所示的网页倒排索引结构来表示一个类别的相关网页信息。

如图 5.9 所示，对每一个类别 ID（ClassID），都对应着一个网页 ID（UrlID）列表。在这个列表中按照从小到大的顺序存储着所

ClassID	Sorted UrlID List							
34(分离化学) ⇨	8	53	98	356	897	1586	22598	…
35(萃取化学) ⇨	64	145	778	1257	5863	77852	78965	…
36(无机色层) ⇨	259	2596	16214	36589	58985	68525	98524	…
37(无机膜分离) ⇨	97	244	661	689	964	3654	14752	…

图 5.9　基于类别的网页倒排索引结构

Fig. 5.9　The structure of web page inverted indices for the corresponding classes

有属于这个类别的网页 ID 号，每个 UrlID 使用一个 4 字节 32 位的二进制数值表示。

在自动分类模块，将分类结果建立网页 ID 对类别 ID 的倒排索引后，表示成如图 5.9 所示的结构。然后，将类别 ID 和相应的网页 ID 倒排索引存入数据库的 classurls 表中。该表结构如下：

```
CREATE TABLE 'classurls' (
  'class _ id' int (11) unsigned NOT NULL default '0',
  'urls' longblob,
UNIQUE KEY 'class _ id' ('class _ id')
) TYPE=MyISAM;
```

其中，class _ id 字段用来存储类别 ID 号，urls 字段用来存储该类别对应的 UrlID 倒排索引。

在这种存储方式下，根据数据库 Longblog 字段类型的存储容量，以及 UrlID 倒排索引的结构，可以计算出，每个类别可包含最多 1G 网页，而 32 位的二进制数值可以表示最大 4G 的网页 ID 号，这可以在一定程度上满足搜索引擎的分类需求。随着搜索引擎索引网页的增多，可以采用与网页倒排索引相似的存储方式将网页的分类信息存储在磁盘文件中。同时，这种存储方式，可以使搜索引擎根据用户感兴趣的类别信息快速获取相应的网页信息，从而提高用户检索的速度。

5.3.2 分类结果和检索结果的整合

本书第4章中介绍了搜索引擎根据用户查询条件，并综合考虑网页的查询相关度和链接重要性来计算相关网页的最终权值的方法。本节介绍ChemEngine中如何将用户查询的检索结果与网页的类别信息相结合，来提高用户的检索效率。

本书使用信息过滤的方法，将网页排序模块中根据用户查询条件得到的相关网页列表中，使用网页的类别信息，将与当前用户查询的兴趣类别不相关的网页除去，只保留与用户兴趣类别相关的网页，从而可以减少返回文档的数量，节省用户浏览结果的时间，提高用户检索的效率。

具体的信息过滤过程是，当用户在检索过程中选择了一个感兴趣的专业类别时，检索接口在接收到用户的查询条件后，一方面将查询条件提交给网页检索和排序模块，来得到与用户查询相关的网页列表；另一方面，将用户感兴趣的专业类别提交给网页过滤模块，从数据库中提取与用户感兴趣类别相关的网页信息，然后网页过滤模块再根据这个类别的网页信息从排序模块返回的网页列表中筛选出只属于这个类别的网页，并将这些网页及其相关信息返回给检索接口，继而显示给用户。这样，用户在查询结果中就只会看到与自己感兴趣的类别相关的网页信息。

5.3.3 分类结果显示界面

ChemEngine中，通过在结果显示界面中提供一个动态的专业分类树来获取用户感兴趣的类别信息，并将根据用户感兴趣类别返回的分类结果显示给用户。用户可以在如图5.10中所示的检索结果显示界面中点击左侧的三角形按钮，就可以显示或隐藏专业分类树。包含专业分类树的分类结果显示界面如图5.10所示。

图5.10中左侧的专业分类树是根据ChemEngine自动分类系统中采用的三层化学学科分类体系来自动构造的。用户可以通过点

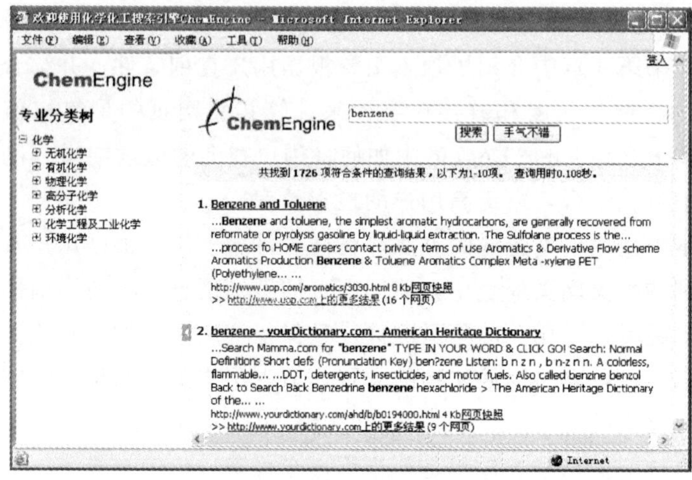

图 5.10　ChemEngine 的分类结果显示界面 1（中文）
Fig. 5.10　The classification result interface 1 in ChemEngine (Chinese version)

击类别前的伸缩按钮“⊞”或“⊟”来展开或收缩相应类别下的子类别。

当用户对检索的结果不满意时，可以点击这棵专业分类树中的某个感兴趣的类别结点，然后系统就可以通过用户点击的类别结点来获取用户感兴趣的类别号，并根据这个类别号对检索结果进行过滤后，将分类结果显示给用户。例如在图 5.10 中，用户根据“benzene”来直接检索会得到 1726 项结果，如果用户对检索结果不满意或者想得到某个特定专业方向的检索结果，就可以点击分类树中相应的结点，对检索结果进行过滤。如果用户点击“物理化学”这个类别结点，返回的结果中就只含有 55 项结果，如图 5.11 所示。这样，用户使用专业分类树来对检索结果进行过滤和筛选，可以大大减少返回结果的数量，同时得到与自己的专业兴趣更相关的结果，从而可以有效提高检索的效率。

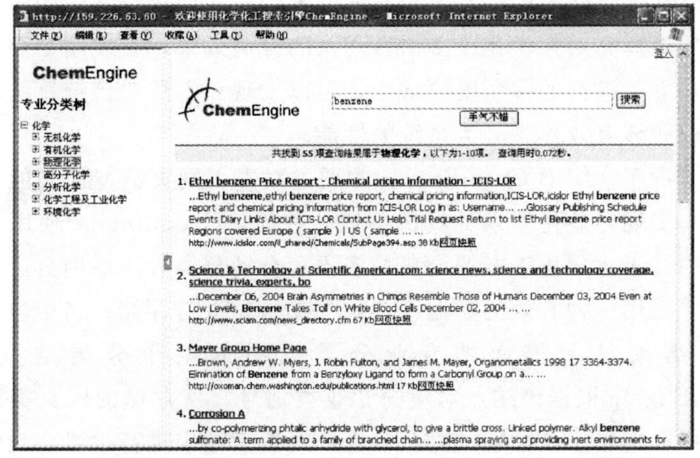

图 5.11 ChemEngine 的分类结果显示界面 2（中文）
Fig. 5.11 The classification result interface 2 in ChemEngine (Chinese version)

5.4 本章小结

根据化学学科分类体系对网络资源进行自动分类，可以将网页的分类信息和用户的查询结果结合起来，给用户提供更相关更有效的检索服务，这也是化学化工主题搜索引擎 ChemEngine 实现专业化搜索的一种重要途径。

本章介绍了几种常用的自动分类算法，以及与自动分类相关的特征词提取方法和评价标准等，然后通过分析和比较不同自动分类算法的性能和特点，确定使用最近 k 邻居法来对 ChemEngine 中的网络资源进行分类。

针对传统的最近 k 邻居法对化学化工网络资源的分类效果较差的现象，提出了一种基于化学化工专业词典的多语言自动分类方法。该方法通过对网页的编码方式进行自动识别和检测，来准确识别和提取网页中的多语言信息，然后使用一个专业词典 ChemDict

来提取和强化网页中的专业信息，改善网页在向量空间中的语义表达，从而提高对化学化工多语言网页的分类效果。在使用专业数据集对该方法进行的多角度测试中，可以发现该方法对传统算法所作的改进能够有效提高分类系统的性能。

本章还介绍了ChemEngine中通过对索引网页进行预先的自动分类来实现专业化搜索的具体过程。首先，ChemEngine使用本书提出的基于化学化工专业词典的多语言自动分类方法对网页进行分类，并采用一种有效的数据结构对分类结果进行存储；当用户点击分类结果显示界面的专业分类树中的某个分类结点时，ChemEngine根据该结点对应的专业类别号，从存储的网页类别信息中提取出属于该类别的网页信息，对检索结果进行过滤，只将属于用户兴趣类别的网页返回给用户，从而提高用户检索的效率，实现专业化的检索。

第 6 章　Internet 主题搜索引擎的个性化检索

当用户在使用 Internet 主题搜索引擎来查找自己需要的信息时，不同的用户由于从事的专业方向、教育背景以及实际需求等方面的不同，其所需的信息可能会有所不同。搜索引擎可以通过分析和使用用户的个性信息，对不同个性的用户提供不同的检索结果，也就是通过个性化的检索，力图使用户在检索的过程中得到更满意的结果。

6.1　个性化检索概述

用户在使用搜索引擎时，由于知识背景和实际需求等方面的差异性，输入相同查询词的用户，实际的信息需求可能有很大不同。这个问题可以采用个性化检索的技术来尝试解决。所谓个性化检索[30]，就是根据不同用户的兴趣和具体情况，对用户查询作出不同的理解和语义扩展，返回给用户不同的检索结果。通过个性化检索，搜索引擎可以针对不同用户提供不同的检索结果，以更好地适应用户信息需求的个性化特点。

为了实现个性化检索，搜索引擎需要根据用户的个性化信息，来对用户查询作出不同的语义扩展，并使之影响用户的检索过程。如本书 1.3.6.1 所述，根据用户个性化信息来建立用户兴趣模型（User Profile），进而基于用户兴趣模型来影响用户检索的结果，是实现个性化检索的一种常用方法[28-30,113]。

在使用用户兴趣模型的方法来实现个性化检索的过程中，主要需要考虑到三个方面的问题，即如何收集用户的个性化信息来描述用户兴趣、如何利用用户的个性化信息建立用户兴趣模型以及如何使用用户兴趣模型来影响检索结果。

6.1.1　用户兴趣信息的收集

在搜索引擎中收集用户的个性化信息来描述用户的搜索兴趣，主要可以通过两种途径，即用户主动提交和系统自动收集。

用户主动提交个性化信息，是搜索引擎通过提供一些界面，使得用户可以在这些界面中输入自己感兴趣的主题、网址、文档以及相应的描述信息等，来表示自己的兴趣。搜索引擎只需要直接采用和分析这些兴趣信息，即可构造该用户的兴趣模型。这是一种主动的，或者显式的信息收集策略。这种策略的优点是实现方法比较简单，可以很快获取用户的个性化信息，而且由于收集的信息是用户自己提交的，因此兴趣主题比较明确和清晰，也能够更好地接近用户的实际需求。缺点是需要用户直接参与，会花费用户一定的时间和精力，而且有时用户也不愿意或很难直接来描述自己所需的信息，这时用户的个性化搜索就无法实现。

系统自动收集，是搜索引擎通过使用一些程序功能模块，在用户使用搜索引擎的过程中自动跟踪和记录用户的搜索历史和行为，然后对收集到的信息进行分析和整理，使之可以表达用户的兴趣。这是一种自动或隐式的信息收集策略。其优点是不需要用户直接参与，可以由系统自动完成，而且随着用户搜索行为的增加，会逐渐得到比较丰富的用户信息，并由此逐渐调整和完善用户兴趣的表达。缺点是实现方式比较复杂，需要一段时间的信息积累，而且自动收集到的信息噪音比较多，很难准确判断哪些是用户的兴趣所在，对用户兴趣主题的表达比较晦涩和模糊，不够准确。

在实际的应用中，可以将这两种信息收集策略结合起来，这样既可以使系统自动收集用户信息，也可以在用户的参与下得到比较准确的用户兴趣主题的表达。

6.1.2　用户兴趣模型的建立

在使用用户个性化信息建立用户兴趣模型时，需要考虑两个方面的问题，即用户兴趣模型的表达方式和用户兴趣模型的建立方式。

用户兴趣模型可以使用多种方式来表达[28-31,112-115]：一是将用户兴趣模型表示为一系列的规则；二是将用户兴趣模型表示为一组关键词，通过计算测试文档中这些关键词的分布规律来判断用户兴趣的相关度；三是将用户的个性化信息表示为一组向量构成的向量空间，在这个向量空间中判断测试文档的用户兴趣相关度；四是将用户兴趣表示为一个用户兴趣和关键词的相关概率表，使用这个概率表来判断测试文档的用户兴趣相关度。由于使用向量空间可以更灵活方便地表示用户兴趣，而且许多信息检索和机器学习的方法可以直接基于向量空间来使用，因此本书中使用向量空间来表示用户兴趣模型。

可以用多种机器学习的方法来建立用户兴趣模型，如直接使用用户兴趣向量的中心向量来建立用户兴趣模型，通过比较测试文档的向量与中心向量的距离来判断用户兴趣相关度的 Rocchio 法；通过寻找测试向量在用户兴趣向量空间的最近邻居，并计算测试向量与最近邻居向量的平均距离来衡量用户兴趣相关度的 kNN 法；通过在用户兴趣向量中寻找能够最优化区分不同用户兴趣的最优超平面，来判断测试向量的用户兴趣相关度的支持向量机 SVM 法等。

6.1.3 用户兴趣模型的使用

基于建立好的用户兴趣模型，对搜索引擎中的索引资源进行用户兴趣相关度的判断后，可以将网页的用户兴趣信息应用在用户的检索过程中，来影响用户的检索结果，实现个性化检索。具体的用户兴趣信息使用方法有两种，即结果过滤（Filtering）和结果重排(Reranking)。

结果过滤，是指使用网页的用户兴趣信息对用户检索的结果列表进行过滤，去掉与用户兴趣不相关的网页。如在第 5 章实现专业分类的过程中，就是使用结果过滤的方法，将与用户感兴趣类别不相关的网页从结果中过滤掉，来为用户提供分类结果。这种方法可以减少返回结果的数量，减轻用户查看相关网页的负担。但是，由于用户兴趣的不确定性、模糊性和迁移性，用户兴趣主题的概念并不像确定的专业类别一样明确和固定，而且使用机器学习的方法来建立用户兴趣模型，对用户兴趣概念的理解和体现也不是很准确，因此，对搜索引擎的索引网页直接进行用户兴趣相关度的判断，也存在着不够准确的因素，这样就可能会使许多本来与用户兴趣相关的网页被过滤掉，反而会使用户检索不到需要的信息。

结果重排，是使用网页的用户兴趣信息对用户的检索结果进行重新排序，将与用户兴趣最相关的网页优先显示给用户。实现的思路与使用网页的链接重要性来影响检索结果相似，也是对检索结果进行优化排序。这样，就可以在保留所有检索结果的情况下，使用网页的用户兴趣相关度来调整检索结果的排序，并将最优的结果列表返回给用户，使用户可以在较短的时间内找到感兴趣的资源。

因此，在 ChemEngine 中，使用结果重排的方法来使用网页的用户兴趣信息，实现个性化搜索。这样，就可以在不影响检索结果总数的情况下，将与用户兴趣最相关的结果优先显示给用户，提高用户检索的效率。

在搜索引擎的个性化过程中，由于用户兴趣的不断迁移和变化，用户兴趣模型也需要进行相应的调整和更新。为了不影响用户对搜索引擎的使用，并提高建立或更新用户兴趣模型的效率，可以考虑采用分布式的策略，使用一个服务器专门来对用户兴趣模型进行建立或维护，使之与提供检索的服务器分开，从而提高搜索引擎的效率。

6.1.4　个性化检索的评价

为了对基于用户兴趣模型的个性化检索的效率进行评价，可以使用信息检索领域的多种评价方法[37,43]。首先，从用户的角度来看，信息检索作为用户的个人行为，用户对返回的文档进行评价和回馈，这就形成了一种重要的评价标准；其次，从信息检索系统的设计者的角度来考虑，可以使用一定的数据集来测试和评价检索返回文档的精确度。

由于受到用户的专业背景、喜好和搜索目的等因素的影响，用户对检索结果的评价通常是不确定和模糊的，很难要求用户对某个返回文档进行准确的评价。但是，用户可以根据自己的兴趣对个性化检索结果进行相关性的分级评价，即可以分为特别相关、相关、可能相关、不置可否、不相关等五个级别，也可以将其简化为三类，即：相关、不相关和不置可否。然后，将这些用户评价综合起来来衡量个性化检索系统的性能。

在基于数据集对个性化检索的性能进行评价时，通常可以综合使用查全率（Recall）和查准率（Precision）这两个标准来衡量检索的性能。其中查全率表示符合用户兴趣的网页中被搜索引擎检索到的概率，见式（6.1）所示；查准率表示搜索引擎检索到的网页中符合用户兴趣的概率，见式（6.2）所示。

$$\text{Recall}=\frac{a}{a+b} \tag{6.1}$$

$$\text{Precision}=\frac{a}{a+c} \tag{6.2}$$

式中：a 代表与用户兴趣相关而且被搜索引擎返回的网页数；b 代表与用户兴趣相关却没有被搜索引擎返回的网页数；c 代表与用户兴趣不相关却被搜索引擎返回的网页数。

查全率和查准率在通常情况下是相互矛盾的。搜索引擎要得到较好的查全率，就会将很多不相干的网页返回给用户，从而使查准率降低；相反，为了提高检索的查准率，又会漏掉一些原本相关的网页，使查全率有所降低。因此，通常要综合考虑这两种因素，使得检索结果在保持一定的查全率的基础上，尽量获得较高的查准率。标准查全率—查准率曲线[37]就是一种常用的评价信息检索结果的方法，这种方法表示检索结果在既定的查全率（通常取值为：0.1、0.2、0.3、0.4、0.5、0.6、0.7、0.8、0.9、1.0）下查准率的变化情况。

对于搜索引擎而言，可以将与用户相关的网页全部返回给用户，但是面对大量的返回结果，用户通常只能关注排序比较靠前的结果。因此如何在保持查全率的基础上，通过更好的排序策略，将用户感兴趣的网页优先显示给用户，即提高结果列表中排序靠前的网页的查准率，是搜索引擎需要重点解决的问题。

本书中，对个性化检索的评价采用了标准查全率—查准率曲线，来综合衡量检索的效果。

6.2 基于用户兴趣模型的个性化检索策略

通过前面的分析可知，在实现基于用户兴趣模型的个性化检索的过程中，需要重点研究有效的用户个性化信息收集策略，以及使用用户个性化信息建立用户兴趣模型的策略。

6.2.1 用户个性化信息的收集

由于将用户主动提交个性化信息和系统自动收集用户兴趣信息这两种信息收集策略结合起来，在系统自动收集用户信息的同时，可以通过用户的参与和管理来提高用户兴趣信息的准确性，因此在 ChemEngine 中联合使用了这两种策略，以更好地收集用户的个性化信息。

6.2.1.1 用户主动提交

在 ChemEngine 中，注册用户登入后可以进入搜索主题管理界面，来创建、浏览和管理自己的兴趣主题。每个用户可以定义多个兴趣主题。

用户可以提交的兴趣主题信息包括主题名称、用以描述主题的关键词、自己感兴趣的网站 URL 地址，以及可以准确描述兴趣主题的相关文档，这些信息在用户提交后存储在搜索引擎的数据库中。其中，主题名称用来描述主题的主要内容，并在用户检索时给用户以相应的兴趣主题提示；关键词可以用来在建立用户兴趣模型时，与化学化工专业词典一起来提取和强化网络资源中用户兴趣信息和专业信息，改善用户兴趣向量的语义表达，提高用户检索的效率；感兴趣的网站地址可以用来收集网络上的用户兴趣相关网页，扩充用户兴趣信息；兴趣主题的描述文档可以直接表示为用户兴趣向量，用来构建用户兴趣模型。

6.2.1.2 系统自动收集

ChemEngine 的系统自动收集策略是通过编写一些客户端程序和服务器端程序来实现的。

客户端程序可以在用户登入后，在用户的检索过程中，跟踪和记录用户的搜索历史和行为，如用户的查询条件、检索结果中被浏览的网页地址和标题以及浏览的时间等信息，并将这些信息存储在搜索引擎的数据库中。

服务器端程序用来对用户主动提交和系统自动收集的个性化信息进行分析和整理，其中主要包括两个功能：一是将用户自动提交和系统自动收集的用户兴趣信息进行整合，并将数据库中存储的用户兴趣信息转换为固定格式的文档，为构建用户兴趣模型做好准备；二是使用爬行器来自动收集符合用户兴趣的网页。对于用户提交的 URL 地址来说，由于比较准确，而且通常为一个网站的网址，在爬行器中使用这些 URL 作为初始地址进行固定深度（如最多 2 层）的爬行；对于系统自动记录的用户浏览的网页 URL 地址，在爬行器中只收集相应的网页，不进行更深层次的爬行。然后，将收集到的网页作为用户兴趣信息的一部分，用来构建用户兴趣模型。

6.2.1.3 用户对个性化信息的管理

用户在 ChemEngine 中，除了可以提交和管理自己定义的兴趣主题外，还可以对系统自动收集的信息进行浏览和管理。这样，用户可以对所有的个性化信息进行管理，从而可以在一定程度上提高个性化信息的质量以及由此建立的用户兴趣模型的准确性。

在对用户自定义的兴趣主题的管理中，用户可以建立、浏览、更新或删除兴趣主题中的所有信息。在对系统收集信息的管理中，用户可以浏览和删除相应的个性化信息，也可以对系统收集的查询记录建立、分配、更新或删除相关的兴趣主题，但不能更改系统收集的查询记录。

6.2.2　用户兴趣模型的建立

根据收集到的用户兴趣信息建立用户兴趣模型，可以有多种方法。不同的方法有不同的特点和性能，也会对个性化检索的效果有不同的影响。本节通过对几种常用的建模方式进行研究和比较，来确定在 ChemEngine 中要使用的用户兴趣模型的建立方式。

6.2.2.1　不同建模方式的研究

由于用户兴趣模型是基于向量空间的，因此在建立用户兴趣模型之前，需要将用户兴趣信息转换成相应的向量，转换方法与第 5 章中分类算法所用的方法相似（见 5.1.2 节）。

常用的用户兴趣模型的建立方式主要有以下三种：

（1）Rocchio 法。

Rocchio 法是通过构造用户兴趣信息的中心向量来表示用户兴趣，然后可以通过计算测试网页与用户兴趣中心向量的距离来表示网页的用户兴趣相关度。

其中构造用户兴趣中心向量的具体方法与自动分类中使用的 Rocchio 方法（参见 5.1.1.1 节）类似，与分类算法不同的是，在计算网页的用户兴趣相关度时，只需直接用网页与用户兴趣中心向量的距离来表示即可。向量之间的距离通过计算两个向量之间夹角的余弦值来得到。

Rocchio 法实现起来比较简单，计算量也较小，可以很方便地用来建立用户兴趣模型。但由于效果比较差，通常作为基准系统来衡量系统性能，很少在实用的系统中使用。

（2）kNN 法。

kNN 法，即最近 k 邻居法，它是通过寻找测试网页在用户兴趣向量中的最近邻居，并使用测试网页向量与最近邻居向量的平均距离来衡量用户兴趣相关度的用户兴趣建模方式。

在建立用户兴趣模型中，kNN 法在寻找最近邻居向量的方法上与相应的自动分类算法一致（参见 5.1.1.4 节），不同的是，在找到最近邻居向量后，使用测试网页向量与最近邻居向量之间距离的平均值来表示测试网页的用户兴趣相关度。

kNN 法也是一种比较直观和简单的用户兴趣建模方法，而且作为一种消极的机器学习方法，kNN 法不需要对用户兴趣进行训练，可以直接使用用户兴趣向量构成的向量空间来测试网页的用户兴趣相关度。它在自动分类任务中已经被验证具有良好的性能。

（3）SVM 法。

SVM 法，即支持向量机法，它首先在用户兴趣向量中寻找能够最好区分不同用户兴趣的最优超平面，然后根据这个最优超平面来判断测试网页与用户兴趣的相关度。

使用 SVM 法建立用户兴趣模型的过程中，寻找最优超平面的过程与相应的自动分类算法相同（参加 5.1.1.3 节）。在使用最优超平面来计算测试网页的用户兴趣相关度时，它使用 SVM 中的概率统计方法，来得到测试网页与某个用户兴趣的相关度。

SVM 作为一种性能良好的机器学习算法，它需要比较复杂的训练过程和参数设置。而且，SVM 作为一种二分分类器，为了寻找某个用户兴趣的最优超平面，它必须同时使用户兴趣的正例和反例训练集来进行训练。对于某个用户兴趣来说，不管是用户主动提交还是系统自动收集到的兴趣信息，都是跟这个用户兴趣相关的，即用户兴趣的正例。因此，要使用 SVM 法来建立用户兴趣模型，需要首先构造用户兴趣的反例来进行训练。

6.2.2.2　数据集和评价标准

为了测试不同的用户兴趣模型建立方式对个性化检索的影响，本书构造了一个主题数据集。主题数据集中包含了数百篇中文文档和对应的英文文档，这些文档分别属于若干个与化学化工相关的兴趣主题，分别是高分子材料、焦炭、精馏、纳米材料、色谱、石油化工、污水处理、有机合成、质谱等。每个兴趣主题中包含的若干篇对应的中文和英文文档。

使用不同的用户兴趣建模方式基于数据集进行测试时，采用标准查全率一查准率曲线来衡量这些建模方式对检索效果的影响。

6.2.2.3　测试结果及分析

本节中基于兴趣主题数据集，对数据集中的兴趣主题，分别使用 Rocchio 法、kNN 法和 SVM 法等不同的用户兴趣建模方式进行了测试和比较。为了排除其他因素的影响，保证测试的公平性，这三种建模方式采用相同的特征词提取方法来生成兴趣向量空间。在测试中，采用传统的 TF-IDF[72] 方法计算词条权重，并据此提取 1000 个特征词来生成兴趣向量空间。

测试结果表明，不同的兴趣主题，由于表达的主观性和模糊性以及主题内容的差异性，具有不同的可识别性，这从一个侧面反映出用户兴趣信息收集的准确性对个性化检索的性能有较大的影响。同时，测试结果也说明，不同的兴趣建模方式有不同的检索效果。在测试中，使用 kNN 法建立用户兴趣模型可以保持较好的个性化检索效果，对不同的数据也有较好的健壮性。因此在 ChemEngine 中，选择 kNN 法来构建用户的兴趣模型。

6.3　Internet 主题搜索引擎的个性化检索

在 Internet 化学化工主题搜索引擎 ChemEngine 中，根据用户主动提交或系统自动收集的用户兴趣信息，使用 kNN 法来构建用户兴趣模型，并基于不同的用户兴趣模型来计算 ChemEngine 索引网页的用户兴趣相关度，从而在用户检索时，可以根据网页与感兴趣主题的相关度来影响返回结果的最终排序，实现个性化检索，提高用户的检索效率。

ChemEngine 给用户提供的个性化检索，通过以下过程来具体实现：首先，检索接口对用户提交的查询条件进行分析，来提取相应的网页兴趣相关度信息，并将这些兴趣相关度信息传递给网页排序模块；其次，网页排序模块在网页检索模块返回的相关网页的查询相关度的基础上，结合网页的链接重要性和网页的兴趣相关度，来得到相关网页的最终排序，并将这个反映用户兴趣的结果列表返回给检索模块，继而显示给用户。用户兴趣分析模块使用 kNN 法，对系统收集的用户兴趣信息分别进行训练和建立相应的用户兴趣模型，然后基于这些用户兴趣模型，对 ChemEngine 网页库中的网页进行测试，来得到这些网页相应的用户兴趣相关度。

在实现个性化检索的过程中，需要具体考虑用户个性化信息的收集、用户兴趣模型的建立、用户兴趣信息的使用以及用户个性化检索的界面设计等方面的问题。

ChemEngine 中使用用户主动提交和系统自动收集两种方式相结合的方法来收集用户的个性化信息。在 ChemEngine 中用户必须在注册成为注册用户后，才能使用 ChemEngine 提供的个性化检索服务。注册用户在检索界面登入后，即可通过验证密码进入 ChemEngine 的个性化界面进行个性化信息的提交和管理。在个性化界面中，用户可以对搜索的兴趣主题等个性化信息进行设置和管理。

ChemEngine 中使用 kNN 方法，根据用户兴趣信息建立用户兴趣模型。在将这些文档转换成相应向量空间的向量时使用了第 5 章中介绍的基于化学化工专业词典 ChemDict 的多语言自动分类方法中的特征词提取方法，来强化专业知识和正确处理不同语言的文档信息。不同的是，在使用化学化工专业词典的同时，也将用户定义的关键词列表作为用户兴趣概念，用来提取和强化文档中的专业信息以及用户兴趣信息。对不同的用户兴趣，使用 kNN 法建立不同的用户兴趣模型，并基于这些用户兴趣模型来对 ChemEngine 的索引网页进行用户兴趣相关度的判断。

ChemEngine 中，使用网页的用户兴趣信息来对检索结果进行重排，使与用户兴趣最相关的网页可以优先显示给用户。在用户进行个性化的检索时，根据用户感兴趣的主题，将相应的网页兴趣相关度信息提取出来，和检索模块返回的查询相关度信息结合起来，共同决定返回结果的最终排序，将与用户检索兴趣最相关同时质量也较好的网页优先显示给用户，以提高用户个性化检索的准确度。

6.4　本章小结

搜索引擎通过收集和分析用户的个性化信息来提供个性化检索，可以为不同的用户提供不同的检索结果，满足用户的个性化需求。

本章通过对个性化检索的各种策略进行分析和比较，确定了主题搜索引擎中在个性化信息的收集、用户兴趣模型的建立以及用户兴趣的使用等方面的实现策略。

在个性化信息的收集方面，主题搜索引擎采用用户主动提交和系统自动收集两种方式相结合的策略来收集用户的个性化信息，同时用户也可以通过相应的界面来管理自己提交和系统收集的兴趣信息，提高信息收集的准确性和方便性。

在用户兴趣模型的建立方面，本书通过比较和分析不同的建模方式对个性化检索结果的影响，来确定最合适的建模方式。在用户兴趣模型的使用方面，主题搜索引擎通过将网页的用户兴趣信息与查询相关度信息以及链接重要性信息相结合，来影响检索结果的最终排序，力图将检索结果中与用户兴趣最相关的网页优先显示给用户，提高用户的检索效率。

第7章　Internet主题搜索引擎的展望

本书以设计和实现一个与化学化工相关的主题搜索引擎为例，从网页信息收集、索引、检索和排序等各个方面对Internet主题搜索引擎的设计和实现进行了论述，并将自动分类和个性化技术应用于主题搜索引擎中。通过研究主题搜索引擎的检索和排序策略，在Internet化学化工主题搜索引擎ChemEngine中，通过基于倒排索引的检索策略和PageRank技术，实现了基本的检索和排序功能，并在此基础上，使用自动分类技术实现了专业化检索，以及通过建立用户兴趣模型实现了个性化检索。

Internet主题搜索引擎经过几年的发展和摸索，越来越贴近人们的需求，主题搜索引擎的技术也得到了很大的发展。未来主题搜索引擎的最新技术发展包括以下几个方面：

(1) 提高自动分类的准确性：从对自动分类算法的测试中可以看出，专业网页的分类算法在准确性方面仍然存在着提升空间。可以考虑通过更有效地利用专业知识或网页自身的特点来提高自动分类的效果，使搜索引擎可以提供更好的专业化检索。具体来说，可以通过构建更精确的化学化工词典，以及在词典词条与专业类别之间建立语义联系，来更好地表达专业知识，从而提高专业分类的效果；根据网页本身具有的结构特点，对网页进行更精细的处理，如根据网页的布局除去网站的介绍信息、广告信息和其他无关信息，更准确地提取出位于网页中心位置的核心内容，来更好地在向量空间中表达网页的主要内容，从而达到提高分类效果的目的。

(2) 使用自动聚类策略：除了使用自动分类的策略来帮助用户快速检索到所需的专业信息外，也可以考虑研究自动聚类的策略，对用户的部分检索结果进行有效快速的聚类分析，在用户的检索过程中给予有效的提示，提高用户的检索效率。

（3）提高机器学习的效率：在用户信息的收集策略上，可以考虑使用有效的机器学习方法，使系统可以通过分析用户的搜索历史来比较准确地自动提取出用户的兴趣信息。这样，既可以进一步减轻用户的负担，也可以提高个性化信息收集的效果。

（4）强化和利用行业特性：行业主题搜索引擎，可以根据行业特性，为用户提供更专业的搜索服务。如化学化工行业的主题搜索引擎用户可以在搜索引擎的检索界面中直接输入化学品的分子式或者 CAS 登录号来检索到该化学品的有关信息，这需要在索引时对化学品的相关信息进行特殊的处理。搜索引擎也可以提供专门的化学结构输入界面，使用户可以提交特定的化学结构来检索到索引网页中的特定信息，这就要求对网页的有关图像图形进行有效的分析。

（5）深层网挖掘：Internet 上存在着大量的深层信息，在网站中以动态网页的形式存在，通常不能有效地被搜索引擎的爬行器收集到，而这些信息中又包含了大量有价值的化学化工资源，因此有必要采用深层次的数据挖掘技术来对深层网的数据进行收集和处理，使用户可以通过搜索引擎对这些深层信息进行检索。

（6）并行和分布策略：随着索引网页信息和用户数量的增加，必然要使用多台服务器同时来提供检索服务，势必要研究高效的分布式并行检索策略，来提高用户检索的效率和速度。可以将搜索引擎索引的网页按照某种规则分成几个部分，将每个部分的网页对应的网页库和倒排索引库分别存储在多台服务器中，当处理用户检索时，使用并行的策略对这些服务器中的索引同时进行检索，然后将检索结果进行整合后返回给用户；也可以将搜索引擎按照功能进行划分，同时使用多台服务器来提供检索服务，如将服务器分为爬行服务器、索引服务器、检索服务器、分类服务器和个性化服务器等，各个服务器各司其职又互相协作，共同来完成搜索引擎的各项功能。

附录 A 英文停用词表

'd	'll	'm	'n't	're	's
've	a	a's	a.	able	about
above	according	accordingly	across	actually	after
afterwards	again	against	ain't	all	allow
allows	almost	alone	along	already	also
although	always	am	among	amongst	an
and	another	any	anybody	anyhow	anyone
anything	anyway	anyways	anywhere	apart	appear
appreciate	appropriate	are	aren't	around	as
aside	ask	asking	associated	at	available
away	awfully	b	b.	be	became
because	become	becomes	becoming	been	before
beforehand	behind	being	believe	below	beside
besides	best	better	between	beyond	both
brief	but	by	c	c'mon	c's
c.	came	can	can't	cannot	cant
cause	causes	certain	certainly	changes	clearly
co	com	come	comes	concerning	consequently
consider	considering	contain	containing	contains	corresponding
could	couldn't	course	currently	d	d.
definitely	described	despite	did	didn't	different
do	does	doesn't	doing	don't	done
down	downwards	during	e	e.	e. g.
each	eg	eight	either	else	elsewhere

续表

'd	'll	'm	'n't	're	's
enough	entirely	especially	et	etc	etc.
even	ever	every	everybody	everyone	everything
everywhere	ex	exactly	example	except	f
f.	far	few	fifth	first	five
followed	following	follows	for	former	formerly
forth	four	from	further	furthermore	g
g.	get	gets	getting	given	gives
go	goes	going	gone	good	got
gotten	greetings	gt	h	h.	had
hadn't	happens	hardly	has	hasn't	have
haven't	having	he	he's	hello	help
hence	her	here	here's	hereafter	hereby
herein	hereupon	hers	herself	hi	him
himself	his	hither	hopefully	how	howbeit
however	i	i'd	i'll	i'm	i've
i.	i. e.	ie	if	ignored	immediate
in	inasmuch	inc	inc.	indeed	indicate
indicated	indicates	inner	insofar	instead	into
inward	is	isn't	it	it'd	it'll
it's	its	itself	j	j.	just
k	k.	keep	keeps	kept	know
known	knows	l	l.	last	lately
later	latter	latterly	least	less	lest
let	let's	like	liked	likely	little
look	looking	looks	lt	ltd	m
m.	mainly	make	many	may	maybe
me	mean	meanwhile	merely	might	more
moreover	most	mostly	much	must	my

续表

'd	'll	'm	'n't	're	's
myself	n	n't	n.	name	namely
nbsp	nd	near	nearly	necessary	need
needs	neither	never	nevertheless	new	next
nine	no	nobody	non	none	noone
nor	normally	not	nothing	novel	now
nowhere	o	o.	obviously	of	off
often	oh	ok	okay	old	on
once	one	ones	only	onto	or
other	others	otherwise	ought	our	ours
ourselves	out	outside	over	overall	own
p	p.	particular	particularly	per	perhaps
placed	please	plus	possible	presumably	probably
provides	q	q.	que	quite	quot
qv	r	r.	rather	rd	re
really	reasonably	regarding	regardless	regards	relatively
respectively	right	s	s.	said	same
saw	say	saying	says	second	secondly
see	seeing	seem	seemed	seeming	seems
seen	self	selves	sensible	sent	serious
seriously	seven	several	shall	she	should
shouldn't	since	six	so	some	somebody
somehow	someone	something	sometime	sometimes	somewhat
somewhere	soon	sorry	specified	specify	specifying
still	sub	such	sup	sure	t
t's	t.	take	taken	tell	tends
th	than	thank	thanks	thanx	that
that's	thats	the	their	theirs	them
themselves	then	thence	there	there's	thereafter

续表

'd	'll	'm	'n't	're	's
thereby	therefore	therein	theres	thereupon	these
they	they'd	they'll	they're	they've	thing
think	third	this	thorough	thoroughly	those
though	three	through	throughout	thru	thus
to	together	too	took	toward	towards
tried	tries	truly	try	trying	twice
two	u	u.	un	under	unfortunately
unless	unlikely	until	unto	up	upon
us	use	used	useful	uses	using
usually	uucp	v	v.	value	various
very	via	viz	vs	w	w.
want	wants	was	wasn't	way	we
we'd	we'll	we're	we've	welcome	well
went	were	weren't	what	what's	whatever
when	whence	whenever	where	where's	whereafter
whereas	whereby	wherein	whereupon	wherever	whether
which	while	whither	who	who's	whoever
whole	whom	whose	why	will	willing
wish	with	within	without	won't	wonder
would	wouldn't	x	x.	y	y.
yes	yet	you	you'd	you'll	you're
you've	your	yours	yourself	yourselves	z
z.	zero	zero0			

附录 B Reuters-21578 数据集的分类体系

Reuters-21578 数据集的分类体系采用 Reuters 分类法，其中包含了 135 个与经济相关的类别，这些类别之间是并列的关系。下面列出了 Reuters-21578 数据集中包含的所有类别：

acq alum austdlr austral barley bfr bop can carcass castor-meal castor-oil castorseed citruspulp cocoa coconut coconut-oil coffee copper copra-cake corn corn-oil cornglutenfeed cotton cotton-meal cotton-oil cottonseed cpi cpu crude cruzado dfl dkr dlr dmk drachma earn escudo f-cattle ffr fishmeal flaxseed fuel gas gnp gold grain groundnut groundnut-meal groundnut-oil heat hk hog housing income instal-debt interest inventories ipi iron-steel jet jobs l-cattle lead lei lin-meal lin-oil linseed lit livestock lumber lupin meal-feed mexpeso money-fx money-supply naphtha nat-gas nickel nkr nzdlr oat oilseed orange palladium palm-meal palm-oil palmkernel peseta pet-chem platinum plywood pork-belly potato propane rand rapemeal rape-oil rapeseed red-bean reserves retail rice ringgit rubber rupiah rye saudriyal sfr ship silk silver singdlr skr sorghum soymeal soy-oil soybean stg strategic-metal sugar sun-meal sun-oil sunseed tapioca tea tin trade tung tung-oil veg-oil wheat wool wpi yen zinc

附录C 化学学科分类体系

本书中使用的化学学科分类体系是一个多层次的分类体系，共有三层，341 个子类，如图 2.3 所示。这个分类体系的详细类别情况如下表所示：

类别号	父类别号	英文类别名	中文类别名
1	0	Chemistry	化学
2	1	Inorganic Chemistry	无机化学
3	2	Inorganic Synthesis and Preparations	无机合成和制备化学
4	3	Synthetic Techniques	合成技术
5	3	Synthetic Chemistry	合成化学
6	3	Preparations of Special Condensed Matter	特殊聚集态制备
7	2	Abundant Elements	丰产元素化学
8	7	Rare Earth Chemistry	稀土化学
9	7	Tungsten Chemistry	钨化学
10	7	Molybdenum Chemistry	钼化学
11	7	Tin Chemistry	锡化学
12	7	Antimony/Stibonium Chemistry	锑化学
13	7	Titanium Chemistry	钛化学
14	7	Vanadium Chemistry	钒化学
15	7	Rare Alkali Chemistry	稀有碱金属化学
16	7	Chemistry of Rare and Low Abundance Elements	稀散元素化学
17	2	Coordination Chemistry	配位化学

续表

类别号	父类别号	英文类别名	中文类别名
18	17	Solid State Coordination Chemistry	固体配位化学
19	17	Solution Coordination Chemistry	溶液配位化学
20	17	Organometallic Chemistry	金属有机化学
21	17	Cluster Chemistry	原子簇化学
22	17	Chemistry of Functional Complex	功能配合物化学
23	2	Bioinorganic Chemistry	生物无机化学
24	23	Metalloenzyme Chemistry and Mimics	金属酶化学及其化学模拟
25	23	Metalloprotein Chemistry and Mimics	金属蛋白化学及其化学模拟
26	23	Trace Elements in Life and Receptor-Ligand Interactions	生物体内微量元素的状态及功能、受体底物相互作用
27	23	Metal Ions and Biofilms Interactions and Its Mechanism	金属离子与生物膜的作用及其机理
28	23	Metal Ions and Nucleic Acid Chemistry	金属离子与核酸化学
29	2	Solid State Inorganic Chemistry	固体无机化学
30	29	Defect Chemistry	缺陷化学
31	29	Solid State Reaction	固体反应
32	29	Solid State and Surface Chemistry	固体表面化学
33	29	Chemistry of Solid Inorganic Materials	无机固体材料化学
34	2	Separation Chemistry	分离化学
35	34	Extraction Chemistry	萃取化学
36	34	Inorganic Chromatographic Separation	无机色层

续表

类别号	父类别号	英文类别名	中文类别名
37	34	Inorganic Membrane Separation	无机膜分离
38	2	Physical Inorganic Chemistry	物理无机化学
39	38	Structure and Properties of Inorganic Compounds	无机化合物结构与性质
40	38	Theoretical Inorganic Chemistry	理论无机化学
41	38	Inorganic Reaction Mechanism and Reaction Kinetics	无机反应机制及反应动力学
42	38	Molten Salts and Phase Equilibrium	熔盐化学及相平衡
43	2	Isotope Chemistry	同位素化学
44	43	Isotope Separation	同位素分离
45	43	Isotope Analysis	同位素分析
46	43	Isotope Application	同位素应用
47	2	Radio Chemistry (Radiochemistry)	放射化学
48	47	Nuclear Fuel Chemistry	核燃料化学
49	47	Transuranic Elements Chemistry	超铀元素化学
50	47	Fission Elements Chemistry	裂片元素化学
51	47	Radioactive Nuclides and Nuclide-Labeled Compounds	放射性核素及其标记化合物的制备和应用
52	47	Radioactivity Analysis	放射分析化学
53	47	Radioactive Waste Management	放射性废物处理和综合利用
54	2	Nuclear Chemistry	核化学
55	54	Low-energy Nuclear Chemistry	低能核化学
56	54	High-energy Nuclear Chemistry	高能核化学
57	54	Fission Chemistry	裂变化学

续表

类别号	父类别号	英文类别名	中文类别名
58	54	Heavy Ion Nuclear Chemistry	重离子核化学
59	54	Nuclear Astrochemistry	核天体化学
60	1	Organic Chemistry	有机化学
61	60	Organic Synthesis	有机合成
62	61	Organic Synthesis and Reactions	有机合成反应
63	61	Design and Synthesis of Novel Organic Compounds	新化合物和复杂化合物的设计与合成
64	61	Reagents for Selective Organic Synthesis	高选择性有机合成试剂
65	61	Asymmetric Synthesis	不对称合成
66	60	Organometallic Chemistry and Element-Organic Chemistry	金属有机及元素有机化学
67	66	Organophosphorus Chemistry	有机磷化学
68	66	Organosilicon Chemistry	有机硅化学
69	66	Organoboron Chemistry	有机硼化学
70	66	Organofluorine Chemistry	有机氟化学
71	66	Synthesis and Applications of Organometallic Compounds	金属有机化合物的合成及其应用
72	60	Natural Organic Chemistry	天然有机化学
73	72	Steroids and Terpenoids	甾体及萜类化学
74	72	Carbohydrate and Flavone Chemistry	糖类黄酮类化学
75	72	Compositions of Traditional Chinese Medicine	中草药有效成分
76	72	Natural Products Chemistry	具有重要应用价值的天然产物的研究
77	60	Physical Organic Chemistry	物理有机化学
78	77	Chemistry of Active Intermediates	活泼中间体化学

续表

类别号	父类别号	英文类别名	中文类别名
79	77	Chemical Dynamics	化学动态学
80	77	Organic Photochemistry	有机光化学
81	77	Stereochemistry	立体化学
82	77	Structure/Activity Relationships of Organic Compounds	有机分子结构与活性关系
83	77	Compounds with Optical, Electric and Magnetic Properties	具有光、电、磁特性的化合物研究
84	77	Computational Organic Chemistry	计算有机化学
85	60	Medicinal Chemistry	药物化学
86	85	Novel Drug Design and Synthesis	新药物分子设计和合成
87	85	Structure Activity Relationship of Drugs	药物构效关系
88	60	Bioorganic Chemistry	生物有机化学
89	88	Polypeptide Chemistry	多肽化学
90	88	Nucleic Acid Chemistry	核酸化学
91	88	Enzyme Mimics	仿生及模拟酶
92	88	Chemical Modification of Enzymes	天然酶的化学修饰及应用
93	88	Biosynthesis and Biotransformation	生物合成及生物转化
94	60	Organic Analysis	有机分析
95	94	Structure of Novel and Complex Compounds	新化合物和复杂化合物的结构研究
96	94	Organic Analysis and Novel Separation Methods	有机分析、分离新方法新技术研究
97	94	Organic Structural Spectroscopy	有机化合物结构波谱学
98	60	Applied Organic Chemistry	应用有机化学
99	98	Herbicides	除草剂

续表

类别号	父类别号	英文类别名	中文类别名
100	98	Plant Growth Promoting Agent	植物生长促进剂
101	98	Pest Attractants and Insect Pheromones	害虫引诱剂、昆虫信息素
102	98	Pesticides	高效、低毒、低抗性农药
103	98	Food Chemistry	食品化学
104	98	Perfume Chemistry	香料化学
105	98	Dye Chemistry	染料化学
106	1	Physical Chemistry	物理化学
107	106	Structural Chemistry	结构化学
108	107	Static Structure of Bulk Phase	体相静态结构
109	107	Surface Structure	表面结构
110	107	Structure at Liquid/Liquid Interfaces	溶液结构
111	107	Dynamic Structure	动态结构
112	107	Spectroscopy	谱学
113	107	Theory and Methodology of Structural Chemistry	结构化学方法和理论
114	106	Quantum Chemistry	量子化学
115	114	Fundamentals of Quant-um Chemistry	基础量子化学
116	114	Applied Quantum Chemistry	应用量子化学
117	106	Catalysis	催化
118	117	Heterogeneous Catalysis	多相催化
119	117	Homogeneous Catalysis	均相催化
120	117	Synthesized Enzyme Catalysis	人工酶催化
121	117	Photocatalysis	光催化
122	106	Chemical Kinetics	化学动力学
123	122	Chemical Kinetics	宏观反应动力学

续表

类别号	父类别号	英文类别名	中文类别名
124	122	Molecular Dynamics	分子动态学
125	122	Reaction Pathway and Transition States	反应途径和过渡态
126	122	Fast Reaction Kinetics	快速反应动力学
127	122	Crystallization Kinetics	结晶过程动力学
128	106	Colloid and Interface Chemistry	胶体与界面化学
129	128	Surfactants	表面活性剂
130	128	Dispersion System	分散体系
131	128	Rheology	流变性能
132	128	Interfacial Adsorption	界面吸附现象
133	128	Ultrafine Powder and Particles	超细粉和颗粒
134	106	Electrochemistry	电化学
135	134	Electrode Process and Kinetics	电极过程及其动力学
136	134	Corrosion Electrochemistry	腐蚀电化学
137	134	Molten Salts and Electrochemistry	熔盐电化学
138	134	Photoelectrochemistry	光电化学
139	134	Semiconductor Electrochemistry	半导体电化学
140	134	Bioelectrochemistry	生物电化学
141	134	Surface Electrochemistry	表面电化学
142	134	Electrochemical Technology	电化学技术
143	134	Electrocatalysis	电催化
144	106	Photochemistry	光化学
145	144	Laser Flash Photolysis	激光闪光光解
146	144	Excited State Chemistry	激发态化学
147	144	Electron Transfer Photochemistry and Photosensitization	电子转移光化学、光敏化
148	144	Photosynthesis	光合作用
149	144	Atmospheric Photochemistry	大气光化学

续表

类别号	父类别号	英文类别名	中文类别名
150	106	Thermochemistry	热化学
151	150	Thermodynamic Parameters	热力学参数
152	150	Phase Equilibrium	相平衡
153	150	Electrolyte Solution Chemistry	电解质溶液化学
154	150	Nonelectrolyte Solution Chemistry	非电解质溶液化学
155	150	Thermochemistry and Biology	生物热化学
156	150	Calorimetry	量热学
157	106	High Energy Chemistry	高能化学
158	157	Radiation Chemistry	辐射化学
159	157	Plasma Chemistry	等离子体化学
160	157	Laser Chemistry	激光化学
161	106	Computational Chemistry	计算化学
162	161	Chemical Information Processing	化学信息的运筹
163	161	Simulation and Modeling	计算模拟
164	161	Computation and Control	计算控制
165	161	Optimization	计算方法的最优化
166	1	Polymer Chemistry	高分子化学
167	166	Polymer Synthesis	高分子合成
168	167	Catalysts, Polymerizations and Polymerization Methodologies	催化剂、聚合反应及聚合方法
169	167	Design and Synthesis of Polymers	高分子设计和合成
170	167	Novel Monomers and New Synthetic Methods of Monomers	新单体及单体的新合成方法
171	167	Polymerization Kinetics	聚合反应动力学
172	167	Photochemistry, Radiation Chemistry and Plasma Chemistry of Polymers	高分子光化学、辐射化学、等离子体化学

续表

类别号	父类别号	英文类别名	中文类别名
173	167	Microbial and Enzymatic Polymerizations	微生物参与的聚合反应、酶催化聚合反应
174	166	Polymer Reactions	高分子反应
175	174	Polymer Aging, Degradation and Crosslinking	高分子老化、降解、交联
176	174	Polymer Grafting and Polymer Modification by Block	高分子接枝、嵌段改性
177	174	Modification of Polymer Functions	高分子功能化改性
178	174	Polymer Modification by Particle Injection, Radiation and Laser	粒子注入、辐射、激光等高分子改性方法
179	166	Functional Polymers	功能高分子
180	179	Polymers for Adsorption, Separation, Ion Exchange and Chelating	吸附、分离、离子交换、螯合功能的高分子
181	179	Polymers for Organic Synthesis, Medicine and Chemical Analysis	用于有机合成、医疗、分析等领域的高分子试剂
182	179	Medical Polymers and Polymer Drugs	医用高分子、高分子药物
183	179	Liquid Crystalline Polymer	液晶态高分子
184	179	Organic Electronic Materials and Magnetic Polymers	有机固体电子材料、磁性高分子
185	179	Polymers for Energy Storage, Energy Conversion, Sensitive Materials and Polymer Catalysts	储能、换能、敏感材料及高分子催化剂
186	179	Functional Polymer Films	高分子功能膜
187	179	Microelectronic Materials, Molecular Assemblies and Mol-ecular Devices	微电子材料、分子组装材料及器件
188	166	Natural Polymers	天然高分子

续表

类别号	父类别号	英文类别名	中文类别名
189	166	Polymer Physics and Polymer Physical Chemistry	高分子物理及高分子物理化学
190	189	Properties and Thermodynamics of Polymer Solutions	高分子溶液性质和溶液热力学
191	189	Polymer Chain Structures	高分子链结构
192	189	Polymer Rheology	高分子流变学
193	189	Aggregation Structure of Polymer	高聚物聚集态结构
194	189	Structure and Property Relationship of Polymers	高分子结构与性能关系
195	189	Test and Characterization of Polymers	高聚物测试及表征方法
196	189	Mass Transportation Theory, Strength Theory, Fracture Mechanism	高分子材料的传质理论、强度理论、破坏机理
197	189	Multiple Phase System of Polymers	高分子多相体系
198	166	Theoretical Chemistry of Polymers	高分子理论化学
199	198	Polymerization, Crosslink and Statistical Theory of Condensed States	高分子聚合、交联、聚集态统计理论
200	198	Mathematics and Computer Applications in Polymer Condensed State and Molecular Dynamics	数学、计算机方法在高分子凝聚态、分子动态学方面的应用
201	166	Polymer Engineering and Materials	聚合物工程及材料
202	201	Reaction Kinetics and Control for Polymerization Engineering	聚合工程反应动力学及聚合反应控制
203	201	Polymer Molding Theories and Methods	聚合物成型理论及成型方法

续表

类别号	父类别号	英文类别名	中文类别名
204	201	Plastics, Fibers, Rubbers and Their Moldings	塑料、纤维、橡胶及成型研究
205	201	Coatings, Adhesives and Polymer Additives	涂料、粘合剂及高分子助剂
206	201	Bio-degradable Films	可生物降解薄膜
207	201	Polymer Lubricating Materials	高分子润滑材料
208	201	Polymer Materials Applied in the other Areas	其他领域中应用的高分子材料
209	201	Source Recycle and Comprehensive Utilization of Polymer Materials	高分子资源的再生和综合利用
210	1	Analytical Chemistry	分析化学
211	210	Chromatographic Analysis	色谱分析
212	211	Gas Chromatography (GC)	气相色谱
213	211	Liquid Chromatography (LC)	液相色谱
214	211	Thin Layer Chromatography (TLC)	薄层色谱
215	211	Ion Chromatography (IC)	离子色谱
216	211	Liquid Chromatography and Supercritical Fluid Chromatography	超临界液体色谱
217	211	Capillary Electrophoresis(CE)	毛细管电泳
218	210	Electrochemical Analysis	电化学分析
219	218	Voltammetry	伏安法
220	218	Polarography	极谱法
221	218	Chemically Modified Electrode	化学修饰电极
222	218	Coulometric Analysis	库仑分析
223	218	Spectroscopic and Electrochemical Analysis	光谱电化学分析
224	218	Electrochemical Sensors	电化学传感器
225	210	Spectroscopic Analysis	光谱分析

续表

类别号	父类别号	英文类别名	中文类别名
226	225	Atomic Emission Spectrometer (AES including ICP)	原子发射光谱（包括 ICP）
227	225	Atomic Absorption Spectroscopy (AAS)	原子吸收光谱
228	225	Atomic Fluorescence Spectroscopy (AFS)	原子荧光光谱
229	225	X-ray Spectrometry/X-ray Fluorescent Spectrometry	X 射线光谱/X 射线荧光光谱
230	225	Molecular Emission Spectroscopy (Fluorescence, Phosphorescence and Chemiluminescence)	分子发射光谱（包括荧光光谱、磷光光谱和化学发光）
231	225	UV-Vis	紫外和可见光谱
232	225	Photoacoustic Spectroscopy (PAS)	光声光谱
233	225	Infrared Spectroscopy (IR)	红外光谱
234	225	Raman Spectroscopy	拉曼光谱
235	210	Wave Spectrum Analysis	波谱分析
236	235	Electron Paramagnetic Resonance (EPR)	顺磁
237	235	Nuclear Magnetic Resonance (NMR)	核磁
238	210	Mass Spectroscopy	质谱分析
239	238	Organic Mass Spectrometry	有机质谱
240	238	Inorganic Mass Spectrometry	无机质谱
241	210	Chemical Analysis	化学分析
242	241	Extractant, Chromogenic Agent and Functional Reagent	萃取剂、显色剂、特殊功能试剂
243	241	Stationary Phase of Chromatography Columns and Separation Membranes	色谱柱固定相、分离膜

续表

类别号	父类别号	英 文 类 别 名	中 文 类 别 名
244	210	Thermal Analysis	热分析
245	210	Radioactivity Analysis	放射分析
246	245	Activation Analysis	活化分析
247	245	Proton Induced X-ray Emission (PIXE)	质子荧光
248	210	Biochemical Analysis and Biosensors	生化分析及生物传感
249	210	Combination of Analysis Tools	联用技术
250	210	Sampling, Isolation and Enrichment	采样、分离和富集方法
251	210	Chemometrics	化学计量学
252	251	Analysis Tools and Computer	分析方法与计算机技术
253	251	Analytical Signals and Data Analysis	分析信号与数据解析
254	210	Surface, Microarea and Morphology	表面、微区、形态分析
255	254	Surface Analysis	表面分析
256	254	Microarea Analysis	微区分析
257	254	Morphology Analysis	形态分析
258	1	Chemical Engineering and Industrial Chemistry	化学工程及工业化学
259	258	Chemical Engineering Thermodynamics and Fundamental Data	化工热力学和基础数据
260	259	Equations of State and Solution Theory	状态方程与溶液理论
261	259	Phase Equilibrium	相平衡
262	259	Thermochemistry	热化学
263	259	Chemical Equilibrium	化学平衡
264	259	Thermodynamics and Molecular Modeling	热力学理论模型和分子系统的计算机模拟

续表

类别号	父类别号	英 文 类 别 名	中 文 类 别 名
265	259	Thermodynamic Data and Databases	热力学数据和数据库
266	258	Transport Process	传递过程
267	266	Chemical Engineering Fluid Mechanics and Transport Properties	化工流体力学和传递性质
268	266	Heat Transfer Process and Devices	传热过程及设备
269	266	Process Mass Transfer	传质过程
270	266	Rheology	流变学
271	266	Particuology and Slurry Chemistry	颗粒学及浆料化学
272	258	Separation Process and Devices	分离过程及设备
273	272	Distillation	蒸馏
274	272	Evaporation and Crystallisation	蒸发与结晶
275	272	Drying	干燥
276	272	Absorption	吸收
277	272	Extraction	萃取
278	272	Adsorption and Ion Exchange	吸附与离子交换
279	272	Mechanical Separation Process	机械分离过程
280	272	Membrane Separation	膜分离
281	272	Other Separation Techniques	其他分离技术
282	258	Chemical Reaction Engineering	化学反应工程
283	282	Reaction Kinetics for Chemical Reaction Engineering	化学/催化反应动力学
284	282	Reactor Theory and Transport Properties	反应器原理及传递特性
285	282	Modeling and Optimization of Chemical Reactors	反应器的模型化和优化
286	282	Fluidization, Multiphase Flow and Reaction Engineering	流态化技术和多相流反应工程

续表

类别号	父类别号	英文类别名	中文类别名
287	282	Fixed-Bed Reactors	固定床反应工程
288	282	Polymerization Engineering	聚合反应工程
289	282	Electrochemical Reaction Engineering	电化学反应工程
290	282	Biochemical Reaction Engineering	生化反应工程
291	282	Catalyst Engineering	催化剂工程
292	258	Chemical Process Systems Engineering	化工系统工程
293	292	Simulation and Control of Chemical Processes	化学过程的控制与模拟
294	292	Synthesis of Chemical Systems	化工系统的优化
295	292	Chemical Process Dynamics	化工过程动态学
296	258	Inorganic Chemical Industry	无机化工
297	296	Conventional Inorganic Chemical Industry	常规无机化工
298	296	Industrial Electrochemistry (Electrolysis, Electroplating, Chemical Corrosion and Protection)	工业电化学（电解、电镀、化学腐蚀与防腐）
299	296	Fine Inorganics (Inorganic Pigments, Adsorbents, Surfactants)	精细无机（无机颜料、吸附剂及表面活性剂等）
300	296	Nuclear Chemical Engineering and Radiation Chemical Engineering	核化工与放射化工
301	258	Organic Chemical Industry	有机化工
302	301	Organic Chemical Industry	工业有机化工
303	301	Fine Organics (Dyes, Coatings, Photographic Sensitizers, Adhesives and Personal Care Chemicals)	精细有机化工（染料、涂料、感光剂、粘合剂与日用化工等）

续表

类别号	父类别号	英 文 类 别 名	中 文 类 别 名
304	258	Biochemical Engineering and Food Industry	生物化工与食品化工
305	304	Biochemical Kinetics and Reactors	生化反应动力学及反应器
306	304	Extraction and Purification of Fermentation Products	发酵物的提取和纯化
307	304	Biochemical Process Simulation and Artificial Organs	生化过程的化工模拟及人工器官
308	304	Enzyme Engineering	酶化工
309	304	Processing of Natural Products and Agrochemicals	天然产物和农副产品的化学改性及深度加工
310	304	Biomedical Engineering	生物医药工程
311	258	Energy Industry	能源化工
312	311	Coal Chemical Industry	煤化工
313	311	Petrochemical Engineering	石油化工
314	311	Fuel Cells	燃料电池
315	311	Other Energy Industries	其他能源化工
316	258	Chemical Metallurgy	化工冶金
317	316	Mineral Processing	矿产资源的利用研究
318	316	Chemical Flotation and Leaching	化学选矿与浸出
319	316	Hydrometallurgy and Physical Chemistry	湿法冶金物理化学
320	316	Plasma Metallurgy	等离子体冶金
321	316	Chemical Coatings	化学涂层
322	258	Environmental Chemical Engineering	环境化工
323	322	Environmental Management and Physical Chemistry	环境治理中的物理化学原理
324	322	Chemical Engineering in Waste Management	三废治理技术中的化工基础

续表

类别号	父类别号	英文类别名	中文类别名
325	322	Environment Friendly Chemical Processes	环境友好的化工过程
326	322	Sustainable Environmental Chemical Engineering	可持续发展环境化工的新概念
327	1	Environmental Chemistry	环境化学
328	327	Environmental Analytical Chemistry	环境分析化学
329	328	Analysis and Separation of Trace Elements for Life in Environment	环境中微量生命元素及其化合物的分离、分析技术
330	328	Analysis and Separation of Trace Organic Pollutants in Environment	环境中微量有机污染物的分离、分析技术
331	327	Environmental Pollution Chemistry	环境污染化学
332	331	Air Pollution Chemistry	大气污染化学
333	331	Water Pollution Chemistry	水污染化学
334	331	Soil Pollution Chemistry	土壤污染化学
335	331	Pollution Chemistry of Solid Wastes and Radioactive Nuclides	固体废弃物及放射性核素污染化学
336	327	Pollution Control and Environmental Chemistry	污染控制化学
337	336	Environmental Chemistry: Pollution and Remediation	化学控制、防治新工艺、新技术及其基础性研究
338	336	Green Technology	无害化工艺（原料、能源和资源的综合利用）
339	327	Ecological Chemistry	污染生态化学
340	327	Theoretical Chemistry and Environmental Chemistry	理论环境化学
341	327	Global and Environmental Chemistry	全球性环境化学问题

附录D ChemEngine的查询语法规则

ChemEngine除了提供单个关键词检索，还提供多种基本的检索功能，包括布尔检索、词组检索、站点检索和链接检索。用户在基本检索界面的搜索框中提交查询条件时，使用这些检索功能需要遵循的查询语法规则如下：

D1 布尔逻辑检索

布尔逻辑检索包括与（AND）、或（OR）、非（NOT）三种逻辑检索方式，用户通过布尔逻辑检索，可以将多个查询词组合起来联合进行检索，来更好地表达自己的信息需求，得到更好的检索结果。其中AND布尔检索可以使用“AND”连接查询词，或直接用空格来连接；OR布尔检索可以使用“OR”连接查询词；NOT布尔检索可以用“NOT”或“－”来表示。这三种检索方式可以在查询条件中自由组合，同时使用。例如：

（（化学 工程）OR 生物分子）－材料

表示搜索含有“化学”和“工程”，或者“生物分子”，同时不含有“材料”的网页信息。

D2 词组检索

词组检索使用户可以将一个词组或一句话作为查询条件，来实现更精确的信息检索，使搜索引擎只将包含有完整输入查询字符串的网页返回。词组检索通过使用引号（“”）将查询条件引起来进行。例如在搜索框中输入：

“化学工程”

就可以得到含有确定的“化学工程”这个词组的相关网页。

D3 站点检索

站点检索可以将搜索范围限制在某个网站或者某个域名内进行检索。有两种方法进行站点检索。一种是可以将搜索范围锁定在某个网站或网域内，通过在网站或网域名前面输入“site:”来使用。例如在搜索框中输入：

化学 site：chin. csdl. ac. cn

就可以对ChIN网站上关于“化学”的信息进行搜索。如果输入：

化学 site：ac. cn

则可以从所有国内的科研网站上来检索关于“化学”的信息。

另一种站点检索是从搜索范围中排除掉某一网站或网域，通过输入“- site:”和网站或网域名来进行。例如在搜索框中输入：

化学 - site：ac. cn

就可以检索到国内科研网站之外的关于“化学”的网络信息。

D4 链接检索

链接检索可以对链接到某个网站的链接进行检索。通过在搜索框中输入“link:”和站点名来进行。例如：

link：chin. csdl. ac. cn

可以找到Internet上包含有指向ChIN网站的链接的网页信息。

D5 专业化检索和个性化检索

除了基本的检索功能，ChemEngine还提供了专业化的分类检索功能以及个性化检索功能。用户可以通过点击ChemEngine检索结果界面左侧的分类树中的某个结点来对检索结果进行过滤，以得到相关类别的专业信息；个性化检索需要用户进行注册登录，然后在系统收集到一定的个性化兴趣信息后，用户可以通过点击检索结果界面左侧的兴趣主题来得到更相关的检索结果。

参 考 文 献

[1] ISC. ISC Internet Domain Survey. http://www. isc. org/index. pl? /ops/ds.

[2] Lawrence S, Giles C L. Searching the World Wide Web. Science, 1998, 280 (5360): 98 - 100.

[3] Google. http://www. google. com.

[4] Lawrence S, Giles C L. Accessibility and Distribution of Information on the Web. Nature, 1999, 400: 107 - 109.

[5] Emtage A, Deutsch P, Heelan B. Archie. http: // www. ou. edu/research/electron/internet/archifaq. htm.

[6] Yang J. Alerts a Usenet Group to the Yahoo Database. http://groups. google. com/group/comp. infosystems. www. misc/msg/c2025bca7f88530c? output = gplain.

[7] Yahoo. http://www. yahoo. com.

[8] Mauldin M L. Carnegie Mellon University Center for Machine Translation Announces Lycos. http://groups. google. com/group/comp. infosystems. announce/msg/81990f0d6d18f778? output=gplain.

[9] Brin S, Page L. The Anatomy of a Large-Scale Hypertextual Web Search Engine. Computer Networks and ISDN Systems, 1998, 30 (1 - 7): 107 - 117.

[10] Sohu. http://www. sohu. com.

[11] 北京大学网络实验室．北大天网中英文搜索引擎. http://e. pku. edu. cn.

[12] 北京大学．北京大学计算机网络与分布式系统试验室. http://net. pku. edu. cn.

[13] 百度公司．百度搜索引擎．http://www. baidu. com.

[14] NIST. Text REtrieval Conference. http://trec. nist. gov.

[15] Infonortics. Search Engine Meeting. http: // www. infonortics. com/searchengines.

[16] IEEE. The 15th International World Wide Web Conference. http: // www. 2006. org.

[17] ACM. Conference of Human-Computer Interaction 2006. http: // www.

chi2006. org.

[18] 全国搜索引擎和网上信息挖掘学术研讨会 . http://net. pku. edu. cn/～sewm.

[19] 王建勇，单松巍，雷鸣，谢正茂，李晓明 . 海量 web 搜索引擎系统中用户行为的分布特征及其启示 . 中国科学 E 辑，2001，31（8）：372 -384.

[20] Lei M，Wang J，Chen B，Li X. Improved Relevance Ranking in Webgather. Journal of Computer Science and Technology，2001，16（5）：410 - 417.

[21] Chakrabarti S，Dom B，Raghavan P，Rajagopalan S，Gibson D，Kleinberg J. Automatic Resource Compilation by Analyzing Hyperlink Structure and Associated Text. Computer Networks and ISDN Systems，1998，30（1 - 7）：65 - 74.

[22] Aas K，Eikvil L. Text Categorisation：A Survey. Technical Report. Norwegian Computing Center，1999.

[23] Salton G，Buckley C. Improving Retrieval Performance by Relevance Feedback. Journal of the American Society for Information Science，1990，41（4）：288 - 297.

[24] Bharat K，Broder A. A Technique for Measuring the Relative Size and Overlap of Public Web Search Engines. Computer Networks and ISDN Systems，1998，30（1 - 7）：379 - 388.

[25] 李振星，任继成，唐卫清，唐荣锡 . 专用搜索引擎中信息采集的预测与过滤方法//李晓明，李星 . 搜索引擎与 web 挖掘进展 . 北京：高等教育出版社，2003：107 - 115.

[26] Chakrabarti S，Berg M V D，Dom B. Focused Crawling：A New Approach to Topic-Specific Web Resource Discovery. Computer Networks，1999. 31（11 - 16）：1623 - 1640.

[27] Haveliwala T H. Topic-Sensitive Pagerank//Proceedings of the Eleventh International World Wide Web Conference. Honolulu，Hawaii，2002.

[28] Sugiyama K，Hatano K，Yoshikawa M. Adaptive Web Search Based on User Profile Constructed without Any Effort from Users//Proceedings International WWW Conference. New York，2004.

[29] Cetintemel U，Franklin M，Giles C L. Flexible User Profiles for Large Scale Data Delivery. Technical Report. University of Maryland，1999.

[30] Pazzani M，Billsus D. Learning and Revising User Profiles：The Identification of Interesting Web Sites. Machine Learning，1997. 27（3）：313 -

331.

[31] Speretta M, Gauch S. Personalizing Search Based on User Search Histories // ACM Thirteenth International Conference on Information and Knowledge Management. Washington D. C. : Springer, 2004.

[32] SearchEngineWatch. Search Engine Watch. http: // searchenvginewatch. com.

[33] Sullivan D. Search Engine Coverage Study Published. http: // searchenginewatch. com/sereport/article. php/2167411.

[34] Gulli A, Signorini A. Building an Open Source Meta-Search Engine // Proceedings of 14th International World Wide Web Conference. Chiba, 2005: 1004 - 1005.

[35] Sullivan D. Multimedia Search Engines: Image, Audio & Video Searching. http: // searchenginewatch. com/links/article. php/2156251.

[36] He B, Patel M, Zhang Z, Chang K C - C. Accessing the Deep Web: A Survey. Communications of the ACM, 2006.

[37] Belew R K. Finding Out About: A Cognitive Perspective on Search Engine Technology and the WWW. New York: Cambridge University Press, 2001: 384.

[38] WhatIs. com. Whatis: An Online Dictionary and Encyclopedia of Technology Definitions. http: // whatis. techtarget. com.

[39] Berry M W, Browne M. Understanding Search Engines: Mathematical Modeling and Text Retrieval. Philadelphia: Society of Industrial and Applied Mathematics, 1999: 116.

[40] Frakes B, Baeza-Yates R. Information Retrieval: Data Structures & Algorithms. Englewood Cliffs, NJ: Prentice-Hall, 1992: 504.

[41] Singhal A. Modern Information Retrieval: A Brief Overview. IEEE Data Engineering Bulletin, 2001, 24 (4): 35 - 43.

[42] Baeza-Yates R, Ribeiro-Neto B. Modern Information Retrieval. First edition. München, Germany: Addison Wesley, 1999: 544.

[43] Rijsbergen C J V. Information Retrieval. Second edition. London: Butterworths, 1979: 204.

[44] Arms W Y. Digital Libraries. Cambridge, Mass: MIT Press, 2000: 287.

[45] Mitchell T M. Machine Learning. Columbus, OH: McGraw-Hill, 1997: 414.

[46] Dumais S T, Furnas G W, Landauer T K, Deerwester S, Harshman R. Using Latent Semantic Analysis to Improve Access to Textual Infor-

mation//Proceedings of the Conference on Human Factors in Computing Systems. 1988.

[47] Hiemstra D, Jong F D. Statistical Language Models and Information Retrieval: Natural Language Processing Really Meets Retrieval. Glot International, 2001, 5 (8): 288 - 294.

[48] Yan H, Wang J, Li X, Guo L. Architectural Design and Evaluation of an Efficient Web-Crawling System. Journal of System and Software, 2002, 60 (3): 185 - 193.

[49] Cho J, Garcia-Molina H, Page L. Efficient Crawling through Url Ordering. Computer Networks and ISDN Systems, 1998, 30 (1 - 7): 161 - 172.

[50] Cheong F-C. Internet Agents: Spiders, Wanderers, Brokers, and Bots. Berkeley, CA: New Riders, 1996, 413.

[51] Chen H, Chung Y-M, Ramsey M, Yang C C. A Smart Itsy Bitsy Spider for the Web. Journal of the American Society of Information Science, 1998, 49 (7): 604 - 618.

[52] 梁春燕，夏诏杰，郭力．面向化学领域网络资源的自动分类算法．华南理工大学学报（自然科学版），2004，32（增刊）：52 - 57.

[53] Chakrabarti S, Gibson D A, McCurley K S. Surfing the Web Backwards//8th World Wide Web Conference. Toronto, Canada, 1999.

[54] Fox C. Lexical Analysis and Stoplists // Frakes W B and Baeza-Yates R. Information Retrieval: Data Structures and Algorithms. Englewood Cliffs, NJ: Prentice-Hall, 1992.

[55] Furnas G, Landauer T, Gomez L, Dumais S T. The Vocabulary Problem in Human-System Communication. Communications of the ACM, 1987, 30 (11): 964 - 971.

[56] 王志刚．隐含语义检索算法的改进及其在化学学科信息门户中的应用．北京：中国科学院过程工程研究所，2003. 96.

[57] Porter M. An Algorithm for Suffix Stripping. Program, 1980, 14 (3): 130 - 137.

[58] Fujii H, Croft W B. A Comparison of Indexing Techniques for Japanese Text Retrieval//Proceedings of the 16th Annual International ACM SIGIR Conference on Research and Development in Information Retrieval. Pittsburg, PA, 1993, 237 - 246.

[59] Liang C, Guo L, Xia Z, Nie F, Li X, Su L, Yang Z. Dictionary-Based

Text Categorization of Chemical Web Pages. Information Processing & Management, 2006, 42 (4): 1017-1029.

[60] Levow G-A, Oard D W, Resnik P. Dictionary-Based Techniques for Cross-Language Information Retrieval. Information processing & management, 2005, 41 (3): 523-547.

[61] Porter J. How to Use Pdftotext to Convert PDFs into Text. http://www.ire.org/training/nettour/pdf/PDFTOTEXT.pdf.

[62] Mantegna R N, Buldyrev S V, Goldberger A L, Havlin S, Peng, C—K, S Tmons M, Stanley H E. Linguistic Features of Noncoding DNA Sequences. Physical Review Letters, 1994, 73 (23): 3169-3172.

[63] Huberman B A, Pirolli P L, Pitkow J E, Lukose R M. Strong Regularities in World Wide Web Surfing. Science, 1998, 280: 95-97.

[64] Bookstein A, Swanson D R. Probabilistic Models for Automatic Indexing. Journal of the American Society for Information Science, 1974, 25: 312-319.

[65] Bookstein A, Kraft D. Operations Research Applied to Document Indexing and Retrieval Decisions. Journal of the Association for Computing Machinery, 1977, 24 (3): 418-427.

[66] Croft W, Harper D. Using Probabilistic Models of Document Retrieval without Relevance Information. Journal of Documentation, 1979, 35: 285-295.

[67] Robertson S, Walker S. Some Simple Effective Approximations to the 2-Poisson Model for Probabilistic Weighted Retrieval // Croft W and van Rijsbergen C. Proceedings of the Seventeenth Annual International ACM SIGIR Conference on Research and Development in Information Retrieval. Dublin: Springer-Verlag, 1994: 232-241.

[68] Luhn H P. A Statistical Approach to Mechanized Encoding and Searching of Literary Information. IBM Journal of Research and Development, 1957, 1 (4): 309-317.

[69] Singhal A, Buckley C, Mitra M. Pivoted Document Length Normalization // Proceedings of the 19 th Annual International ACM SIGIR Conference on Research and Development in Information Retrieval. Zurich, Switzerland, 1996, 21-29.

[70] Salton G. The Smart Retrieval System - Experiments in Automatic Document Processing. Englewood Cliffs, NJ: Prentice-Hall, 1971.

[71] Buckley C. Implementation of the Smart Information Retrieval System. Technical Report. Cornell University, 1985, 85 - 686.

[72] Salton G, Buckley C. Term-Weighting Approaches in Automatic Text Retrieval. Information Processing and Management, 1988, 24 (5): 513 - 523.

[73] Salton G, Wong A, Yang C. A Vector Space Model for Automatic Indexing. Communications of the ACM, 1975. 18: 613 - 620.

[74] Luenberger D G. Optimization by Vector Space Methods. New York: John Wiley & Soms, 1969, 344.

[75] McEnery T, Wilson A. Corpus Linguistics. Second edition. Scotland, UK: Edinburgh University Press, 2001.

[76] Lee C - H, Yang H - C. Text Mining of Bilingual Parallel Corpora with a Measure of Semantic Similarity//Proceedings on IEEE International Conference on Systems, Man, and Cybernetics. Shanghai: IEEE, 2001: 470 - 475.

[77] Deerwester S C, Dumais S T, Landaue T K, Furnas G W, Harshman R A. Indexing by Latent Semantic Analysis. Journal of the American Society of Information Science, 1990, 41 (6): 391 - 407.

[78] Zelikovitz S, Hirsh H. Using Lsi for Text Classification in the Presence of Background Text. //Paques H, Liu L, and Grossman D. 10th ACM International Conference on Information and Knowledge Management. Atlanta, US: ACM Press, New York, US, 2001, 113 - 118.

[79] Lee C - H, Yang H - C. Text Mining of Multilingual Corpora Via Computing Semantic Relatedness // Proceedings of the IEEE International Conference on Systems, Man and Cybernetics. 2002, 5.

[80] Ravindran D, Gauch S. Exploiting Hierarchical Relationships in Conceptual Search//ACM Thirteenth Conference on Information and Knowledge Management. Washington D. C. : Springer-Verlag, 2004: 238 - 239.

[81] Wong S, Yao Y. On Modeling Information Retrieval with Probabilistic Inference. ACM Transactions on Information Systems, 1995, 13 (1): 38 - 68.

[82] Pearl J. Probabilistic Reasoning in Intelligent Systems. San Mateo, California: Morgan Kaufmann, 1988, 552.

[83] Ribeiro B A N, Muntz R. A Belief Network Model for IR//Proceedings of the 19th Annual International ACM SIGIR Conference on Research

and Development in Information Retrieval. Silva: Ribeiro-Neto, B, 1996: 253 - 260.

[84] Fuhr N, Buckley C. A Probabilistic Learning Approach for Document Indexing. ACM Transactions on Information Systems, 1991, 9 (3): 223 - 248.

[85] Page L, Brin S, Motwani R, Winograd T. The Pagerank Citation Ranking: Bring Order to the Web. Technical Report. Stanford University, 1998.

[86] Chakrabarti S, Dom B, Gibson D, Kleinberg J, Raghavan P, Rajagopalan S. Automatic Resource List Compilation by Analyzing Hyperlink Structure and Associated Text // Proceedings of the 7th International World Wide Web Conference. Australia: Brisbane, 1998: 65 - 74.

[87] Gibson D, Kleinberg J, Raghavan P. Inferring Web Communities from Link Topology // Proceedings of the 9th ACM Conference on Hypertext and Hypermedia. Pittsburgh: ACM Press, 1998: 225 - 234.

[88] Kleinberg J M. Authoritative Sources in a Hyperlinked Environment. Journal of the ACM, 1999, 46 (5): 604 - 632.

[89] Dumais S T, Cutrell E, Chen H. Optimizing Search by Showing Results in Context // Proceedings of the SIGCHI conference on Human factors in computing systems. Seattle, Washington, United States: ACM Press, 2001: 277 - 284.

[90] Jingbo Z, Tianshun Y. A Knowledge-Based Approach to Text Classification // The First SIGHAN Workshop on Chinese Language Processing. 2002.

[91] Lewis D D, Schapire R E, Callan J P, Papka R. Training Algorithms for Linear Text Classifiers // Proceedings of the 19th annual international ACM SIGIR conference on Research and development in information retrieval. Zurich, Switzerland: ACM Press, 1996, 298 - 306.

[92] Lewis D D, Ringuette M. A Comparison of Two Learning Algorithms for Text Categorization // Proceedings of Third Annual Symposium on Document Analysis and Information Retrieval. Las Vegas, NV: ISRI; Univ. of Nevada, Las Vegas, 1994, 81 - 93.

[93] Wiener E D, Pedersen J O, Weigend A S. A Neural Network Approach to Topic Spotting // Proceedings of SDAIR - 95, 4th Annual Symposium on Document Analysis and Information Retrieval. Las Vegas, US, 1995:

317 - 332

[94] Yang Y, Slattery S, Ghani R. A Study of Approaches to Hypertext Categorization. Journal of Intelligent Information Systems, 2002, 18 (2 - 3): 219 - 241.

[95] Joachims T. Text Categorization with Support Vector Machines: Learning with Many Relevant Features // Nedellec C and Rouveirol C. Proceedings of 10th European Conference on Machine Learning. Chemnitz, DE: Springer Verlag, 1998, 137 - 142.

[96] Yang Y. An Evaluation of Statistical Approaches to Text Categorization. Information Retrieval, 1999, 1 (1 - 2): 69 - 90.

[97] Yang Y, Liu X. A Re-Examination of Text Categorization Methods // Proceedings of the 22nd annual international ACM SIGIR conference on Research and development in information retrieval. Berkeley, California, United States: ACM Press, 1999, 42 - 49.

[98] Lewis D D. Representation and Learning in Information Retrieval [Phd Thesis]//. Boston, MA: University of Massachusetts, 1992.

[99] Domingos P, Pazzani M J. Beyond Independence: Conditions for the Optimality of the Simple Bayesian Classifier // Proceedings of the Thirteenth International Conference on Machine Learning. San Francisco, CA: Morgan Kaufmann, 1996: 105 - 112.

[100] LeCun Y, Boser B, Denker J S, Henderson D, Howard R E, Hubbard W, Jackel L D. Backpropagation Applied to Handwritten Zip Code Recognition. Neural Computation, 1989, 1 (4): 541 - 551.

[101] Lang K, Waibel A, Hinton G E. A Time-Delay Neural Network Architecture for Isolated Word Recognition. Neural Networks, 1990, 3: 23 - 43.

[102] Cottrell G W. Extracting Features from Faces Using Compression Networks: Face, Identity, Emotion and Gender Recognition Using Holons // Touretzky D. Connection Models: Proceedings of the 1990 Summer School. San Mateo, CA: Morgan Kaufmann, 1990: 328 - 337.

[103] Cover T M, Hart P E. Nearest Neighbor Pattern Classification. IEEE Transactions on Information Theory, 1967, 13: 21 - 27.

[104] Duda R O, Hart P E. Pattern Classification and Scene Analysis. New York: John Wiley & Sons Inc, 1973: 482.

[105] Vapnik V N. The Nature of Statistical Learning Theory. New York:

Springer, 1995: 314.

[106] Zamir O, Etzioni O. Web Document Clustering: A Feasibility Demonstration// Proceedings of the 21st International ACM SIGIR Conference on Research and Development in Information Retrieval. Melbourne, Australia: SIGIR, 1998: 46 - 54.

[107] Zamir O, Etzioni O. Grouper: A Dynamic Clustering Interface to Web Search Results // Proceeding of the Eighth International Conference on World Wide Web. Toronto, Canada: ACM Press, 1999: 1361 - 1374.

[108] Valdes-Perez R, Pericliev V, Pereira F. Concise, Intelligible and Approximate Profiling of Multiple Classes. International Journal of Human Computer Systems, 2000, 53 (3): 411 - 436.

[109] Hill D R. A Vector Clustering Technique // Samuelson. Mechanised Information Storage, Retrieval and Dissemination, North-Holland, Amsterdam, 1968.

[110] Gusfield D. Algorithms on Strings, Trees and Sequences: Computer Science and Computational Biology: Cambridge University Press, 1997: 534.

[111] Nelson M. Fast String Searching with Suffix Trees. http: // maya. cs. depaul. edu/～classes/ds575/Suffix _ Trees / index. html.

[112] Pretschner A, Gauch S. Ontology Based Personalized Search // Proceeding of 11th IEEE International Conference on Tools with Artificial Intelligence. Chicago: IEEE, 1999: 391 - 398.

[113] Cetintemel U, Franklin M J, Giles C L. Self-Adaptive User Profiles for Large Scale Data Delivery // Proceedings of the 16th International Conference on Data Engineering. Washington: IEEE Computer Society Press, 2000: 622 - 636.

[114] Liu F, Yu C, Meng W. Personalized Web Search by Mapping User Queries to Categories // Proceedings of the eleventh international conference on Information and knowledge management. Mclean, Virginia: ACM Press, 2002: 558 - 565.

[115] 曾春，邢春晓，周立柱．个性化服务技术综述．软件学报，2002，13 (10): 1952 - 1961.

[116] IBM. Websphere. http: // www-306. ibm. com/software/websphere.

[117] ILOG I. Ilog. http: // www. ilog. com.

[118] Mladenic D. Machine Learning for Better Web Browsing // Rogers S and Iba W. AAAI 2000 Spring Symposium Technical Reports on Adaptive

User Interfaces. Menlo Park, CA: AAAI Press, 2000: 82 - 84.

[119] Pazzani M J, Muramatsu J, Billsus D. Syskill & Webert: Identifying Interesting Web Sites// Weld D and Clancey B. Proceedings of the 13th National Conference on Artificial Intelligence and 8th Innovative Applications of Artificial Intelligence Conference. Menlo Park, CA: AAAI Press, 1996: 54 - 61.

[120] Lieberman H. Letizia: An Agent That Assists Web Browsing // Burke R. Proceedings of the International Joint Conference on Artificial Intelligence. Menlo Park, CA: AAAI Press, 1995: 924 - 929.

[121] Bollacker K D, Lawrence S, Giles C L. Discovering Relevant Scientific Literature on the Web. IEEE Intelligent Systems, 2000, 15 (2): 42 - 47.

[122] Asnicar F, Tasso C. Ifweb: A Prototype of User Modelbased Intelligent Agent for Documentation Filtering and Navigation in the World Wide Web// Tasso C, Jameson A and Paris C L. Proceedings of the UM 1997 Workshop on Adaptive Systems and User Modeling on the World Wide Web. West Newton, MA: User Modeling Inc. , 1997: 3 - 12.

[123] Mostafa J, Lam S W, Palakal M. A Multilevel Approach to Intelligent Information Filtering: Model, System, and Evaluation. ACM Transactions on Information Systems, 1997, 15 (4): 368 - 399.

[124] Mobasher B, Cooley R, Srivastava J. Automatic Personalization Based on Web Usage Mining. Communications of the ACM, 2000, 43 (8): 142 - 15.

[125] Joachims T, Freitag D, Mitchell T. Webwatcher: A Tour Guide for the World Wide Web// Georgeff M P and Pollack E M. Proceedings of the International Joint Conference on Artificial Intelligence. San Francisco: Morgan Kaufmann Publishers, 1997: 770 - 777.

[126] Lieberman H, Dyke N V, Vivacqua A. Let's Browse: A Collaborative Web Browsing Agent// Maybury M, Szekely P and Thomas C G. Proceedings of the International Conference on Intelligent User Interfaces. Los Angeles, CA: ACM Press, 1999: 65 - 68.

[127] Konstan J A, Miller B N, Maltz D, Herlocker J L, Gordon L R, Riedl J. Grouplens: Applying Collaborative Filtering to Usenet News. Communications of the ACM, 1997, 40 (3): 77 - 87.

[128] Alton-Scheidl R, Ekhall J, Geloven O v, Kovacs L, Micsik A, Lueg C,

Messnarz R, Nichols D, Palme J, Tholerus T, Mason D, Procter R, Stupazzini E, Vassali M, Wheeler R. Select: Social and Collaborative Filtering of Web Documents and News // Kobsa A and Stephanidis C. Proceedings of the 5th ERCIM Workshop on User Interfaces for All: User-Tailored Information Environments. 1999: 23-37.

[129] Rucker J, Polanco M J. Siteseer: Personalized Navigation for the Web. Communications of the ACM, 1997, 40 (3): 73-75.

[130] Indiana University. Cheminfo. http://www.indiana.edu/~cheminfo.

[131] University of Sheffield. The Sheffield Chemdex. http://www.chemdex.org.

[132] University of Liverpool. Links for Chemists. http://www.liv.ac.uk/Chemistry/Links/links.html.

[133] Institute of Process Engineering, Chinese Academy of Sciences. ChIN: The Chemical Information Network. http://chin.csdl.ac.cn.

[134] Chemindustry. http://www.chemindustry.com.

[135] FIZ CHEMIE Berlin. Internet Search Engines. http://www.fiz-chemie.de.

[136] Chemie.DE Information Service GmbH. Chemie.De Search Engine. http://www.chemie.de/search/?language=e.

[137] eMolecules, Inc. Chmoogle Chemical Search. http://www.chmoogle.com/index.htm.

[138] 国家自然科学基金委员会. 国家自然科学基金委员会. http://www.nsfc.gov.cn.

[139] Koster M. The Web Robots Pages. http://www.robotstxt.org/wc/robots.html.

[140] Unicode Consortium. Unicode Home Page. http://www.unicode.org.

[141] 国家自然科学基金委员会. 化学学科代码. http://www.nsfc.gov.cn/nsfc/cen/daima/daima_kxb_hx01.htm.

[142] SWsoft. Aspseek. http://www.aspseek.org.

[143] Sobek M. A Survey of Google's Pagerank. http://pr.efactory.de.

[144] InfoSpace Inc. Webcrawler Web Search. http://www.webcrawler.com.

[145] Kwok J T-Y. Automatic Text Categorization Using Support Vector Machine// Proceedings of International Conference on Neural Information Processing. Berlin: Springer, 1998: 347-351.

[146] Yang Y, Pedersen J O. A Comparative Study on Feature Selection in Text Categorization// Fisher D H. Proceedings of ICML-97, 14th In-

ternational Conference on Machine Learning. Nashville, US: Morgan Kaufmann Publishers, 1997: 412 - 420.

[147] Lewis D D. Reuters - 21578. http://www.daviddlewis.com/resources/testcollections/reuters21578/

[148] Dumais S, Platt J, Heckerman D, Sahami M. Inductive Learning Algorithms and Representations for Text Categorization// Proceedings of the seventh international conference on Information and knowledge management. Bethesda, Maryland, United States: ACM Press, 1998: 148 - 155.

[149] Weiss S M, Apte C, Damerau F J, Johnson D E, Oles F J, Goetz T, Hampp T. Maximizing Text-Mining Performance. IEEE Intelligent Systems, 1999, 14 (4): 63 - 69.

[150] Kingsoft Corp. 电子词典 . http://cb.kingsoft.com.

[151] 重庆维普资讯有限公司 . 维普资讯网 . http://www.tydata.com.

[152] Li S, Momoi K. A Composite Approach to Language/Encoding Detection// Nineteenth International Unicode Conference. San Jose, California, 2001.

后　记

Internet 主题搜索引擎在自动收集和索引 Internet 专业资源的基础上，通过对信息的专业化智能化处理，帮助网络用户更方便有效地检索到所需的专业信息。本书通过广泛深入的文献调研和需求分析，以设计建立一个 Internet 化学化工主题搜索引擎为例，对主题搜索引擎中的爬行、检索和排序策略进行了研究，并在提供相关度检索和网页重要性排序的基础上，通过专业化的自动分类和个性化检索，满足用户专业化和个性化的信息需求。

本书是对作者博士学位论文的延伸和拓展。作者在中国科学院过程工程研究所期间，沉浸在中国科学院“唯实、求真、协力、创新”的文化氛围中，在杨章远研究员和郭力研究员的悉心指导下，顺利完成学业并获益良多，在此特向多年来从生活、学习和思想上给予作者无微不至关怀的杨老师和郭老师表示衷心的感谢，并致以崇高的敬意。二位导师严谨求实的学术作风，兢兢业业的工作态度，正直谦逊的为人之道，诲人不倦的敬业精神和平易近人的品格，一直使作者无论在学习上还是工作中都受益匪浅。

同时作者非常感谢求学生涯的另一位恩师——作者硕士阶段的导师——中国科学院过程工程研究所的李晓霞研究员。李老师将作者引入科学研究的殿堂，并为我之后的研究奠定了坚实的基础。李老师渊博的知识和严谨求实的治学态度一直令作者甚是佩服，并影响至深。李老师对本书的编写以及生活学习各方面都给予了极大的支持和帮助，在此表示由衷的感谢。

感谢夏诏杰博士在本书编写中与本人的富有成效的交流和

合作；感谢苏亮同学对中文分词的研究和祝宇同学对 SVM 的研究对本书工作的启发和帮助；感谢霍东云同学在用户个性化界面方面对作者的帮助；感谢王小伟、吴忠俊、易锋、储春梅、秦东明、卓流艺、江鹰等同学在化学化工专业词典和专业数据集的收集和整理等过程中给予作者的帮助。

本书所做的项目得到了国家自然科学基金（项目名称：Internet 化学搜索引擎研究，项目号：20273036）的资助，在此表示感谢。

中国科学院过程工程研究所的周家驹、温浩、聂峰光、唐武成、袁小龙、艾菁、肖忻、崔志民、孙茂芬等老师对本人也给予了许多帮助和支持，在此表示诚挚的谢意。感谢贾红阳、刘冰、邵辉、王蕾、丁丽颖、谢爱华等许多同窗好友以及所有关心、帮助我的朋友们。

感谢华北电力大学校领导、经济与管理学院院领导以及信息管理教研室的各位同事们，在研究讨论和工作生活中给予我的很多无私的关心、支持和帮助。感谢我的学生们带给我的灵感、欢乐和感动。

感谢伟大的父母，他们的理解、支持和关爱是我前进的动力。同时，深深感谢我的爱人任孟干多年来给予我的宽容、鼓励以及细心体贴的关爱和帮助。感谢我的儿子任思睿，从他降生那一刻起，就一直带给我持续不断的喜悦、感悟和成长。

最后，感谢为此书的出版付出辛勤工作的人们！